装配式混凝土结构
施工与管理

北京国职学培教育科技院　编著

清华大学出版社
北京

内 容 简 介

本书以培养装配式建筑施工和管理专业人员为目标,结合当前我国建筑工业化发展现状,参考了相关规范、标准和国内外学者的研究成果,系统地介绍了装配式建筑结构设计、构件制作、施工和管理等方面的内容。本书主要内容包括:绪论,装配式建筑结构设计概述,预制构件制作与储运,装配式建筑结构施工,装配式施工进度、质量、安全管理,装配式建筑项目案例等。

本书既可用作土木工程专业本科教材和教学参考书,也可供有关技术人员参考使用。

图书在版编目(CIP)数据

装配式混凝土结构施工与管理 / 北京国职学培教育
科技院编著. -- 北京 :清华大学出版社,2024. 7.
ISBN 978-7-302-66657-8

Ⅰ. TU755

中国国家版本馆 CIP 数据核字第 2024BE8746 号

责任编辑:秦　娜　赵从棉
封面设计:陈国熙
责任校对:薄军霞
责任印制:沈　露

出版发行:清华大学出版社
　　　　网　　址:https://www.tup.com.cn, https://www.wqxuetang.com
　　　　地　　址:北京清华大学学研大厦 A 座　　　邮　　编:100084
　　　　社 总 机:010-83470000　　　　　　　　邮　　购:010-62786544
　　　　投稿与读者服务:010-62776969,c-service@tup.tsinghua.edu.cn
　　　　质量反馈:010-62772015,zhiliang@tup.tsinghua.edu.cn
印 装 者:三河市少明印务有限公司
经　　销:全国新华书店
开　　本:185mm×260mm　　印　张:11.5　　　　字　　数:277 千字
版　　次:2024 年 7 月第 1 版　　　　　　　　印　　次:2024 年 7 月第 1 次印刷
定　　价:55.00 元

产品编号:103016-01

编 委 会

主编

陈建伟　华北理工大学

李志伟　北京市建筑工程装饰集团有限公司

吴治海　上海开运科名建筑工程安装有限公司

邵利明　上海堡华建筑工程有限公司

王楠子　中建一局集团第二建筑有限公司

方胜敏　正基电气有限公司

副主编

王俊宇　金光道环境建设集团有限公司

陈　阵　中铁十四局集团隧道工程有限公司

刘永学　山东联友建设发展有限公司

姚久顺　河北实丰绿建科技发展有限公司

李仕兴　重庆中煜华资工程技术有限公司

夏学云　上海轩颂建筑科技股份有限公司

杨华洪　斯卡特铝业集团有限公司

何永福　江苏海洋大学

尹晓普　河南厚德电力科技有限公司

张念松　德驭医疗管理集团有限公司

编委会成员

程永贵	暴庆祥	王松锋	朱万银	常方春	金　亮	秦　炜
郭成祥	斯永强	宋怀豪	张海军	张荣康	景生俊	林颂科
刘长德	姚树志	付志远	禹知平	曹进华	范美玲	朱自军
白　杨	林绪旺	任建忠	黄克军	周于盛	徐　展	赵丽丽
唐韶军	孙伟华	余金波	郑燕春	高鸿宇	蒲文新	王北星
李衍庆	蔡祥盛	韩秀军	陈加伟	詹化军	李志文	韩鹏远
段仕伦	何永胜	李长江	陈传勇	付湘建	董　健	周　敬
张业平						

前　言

　　目前传统建筑业面临劳动力短缺、人工成本升高、环境污染、资源浪费、建筑垃圾量大等问题。为解决传统建筑业所面临的问题，保持建筑行业可持续发展，近年来我国政府制定并出台了一系列政策措施扶持推行建筑工业化。作为建筑工业化的核心技术体系，装配式建筑有利于提高生产效率，节约能源，发展绿色环保建筑，并且有利于提高和保证建筑工程质量。

　　目前，随着我国经济快速发展，建筑业和其他行业一样都在进行工业化技术改造，装配式建筑又开始焕发出新的生机。许多高质量要求的建筑已选用预制装配式结构来建造，取得了较好的效果。相较于传统施工，由于施工方法的不同，装配式建筑施工的安全管理侧重点也略有不同，需要从事装配式建筑的施工管理人员具有相应的知识储备。与西方发达国家相比，我国装配式建筑相关的工程技术人员和管理人员严重不足，亟须进行装配式建筑施工及管理方面的人才培养。因此，编写《装配式混凝土结构施工与管理》教材就十分必要。

　　本书以培养装配式建筑工程技术人员为目标，系统介绍了装配式建筑的概念、结构设计原则、预制构件种类及制作方法、施工过程和安全管理等内容，并辅以案例进行知识点的理解和说明。

　　本书编委会于2022年成立，多次开会讨论，不断完善本书，但由于时间和水平原因，书中难免有疏漏和不妥之处，真诚地欢迎广大读者批评指正。

编　者

2024 年 4 月

目　录

第 **1** 章

绪　　论

1.1　装配式建筑概述

　　建造房屋如果可以像"搭积木"一样,成批成套地建造,将极大地提高建造速度,降低建造周期和成本。这种采用"搭积木"似的建造手段而形成的建筑称为装配式建筑。其实装配式建筑古已有之,我国很多古建筑中就采用了装配组装的方式,仅通过榫卯连接的方式就可以建造完成。从木质榫卯结构建筑技术到砖木结构、砖石结构,华夏民族能工巧匠不断传承和发展。著名的历史奇迹北京故宫(图 1-1)、天坛(图 1-2)、应县木塔,还有全国各地历史古迹中的各种庙宇、亭台楼阁,虽历经数百年,甚至上千年依然熠熠生辉、坚固如初。随着社会的发展和建筑技术的进步,装配式建筑结构也不断发展出各式各样的结构形式,朝着工业化、绿色化和信息系统集成的方向发展。

图 1-1　故宫博物院

图 1-2　天坛祈年殿

1.1.1　装配式建筑的定义

　　根据装配式混凝土建筑技术标准中的定义,装配式建筑是指结构系统、外围护系统、设备与管线系统、内装系统的主要部分采用预制部品部件集成的建筑。这种建筑的施工方法与传统的现浇结构不同,包括多种不同的预制构件。预制构件在工厂先进行加工,包括预制梁、板、柱、阳台、雨棚、楼梯等,再通过运输工具运送到建设现场,最后采用不同的连接方式将其拼装成不同结构形式。

装配式建筑的组织过程可分为三个阶段：①设计阶段，将建筑的各种构件拆分为标准构件和非标准构件；②预制阶段，建筑所需构件在工厂里采用专用模具进行预制加工并运至施工现场；③施工阶段，使用大型起重机械现场组装各种构件。构件定位安装后，通过可靠连接节点形成完整的建筑结构。相较于传统的、分散的手工业生产方式，装配式建筑采用工业化生产方式，即现代化的制作、运输、安装和科学管理的大工业生产方式。

装配式建筑涉及建筑产业现代化、新型建筑工业化和绿色建筑等概念，下面分别叙述。

（1）建筑产业现代化。建筑产业现代化是以绿色发展为理念，以住宅建设为重点，以新型建筑工业化为核心，广泛运用现代科学技术和管理方法，以工业化、信息化的深度融合对建筑全产业链进行更新、改造和升级，实现传统生产方式向现代工业化生产方式转变，从而全面提高建筑工程的效率、效益和质量。

（2）新型建筑工业化。早在 20 世纪 50 年代中期，原建工部借鉴苏联经验，第一次提出实行建筑工业化。70 年代中期，原国家建委提出以"三化一改"（设计标准化、构件工厂化、施工机械化和墙体改革）为重点，发展建筑工业化，同时在北京、上海、常州开展试点并进入大发展时期。80 年代末期，因工程质量问题、唐山地震、计划经济转型等原因停止下来。新型建筑工业化是建筑产业现代化的核心，是在房屋建造的全过程中以标准化设计、工厂化生产、装配化施工和信息化管理为主要特征的工业化生产方式，并形成完整的一体化产业链，从而实现社会化大生产。新型建筑工业化是生产方式的变革，是传统生产方式向现代工业化生产方式转变的过程。所谓"新型"的含义主要体现在信息化与建筑工业化的深度整合，其次是区别以前提倡的建筑工业化。

建筑产业现代化与新型建筑工业化是两个不同的概念，产业化是整个建筑产业链的产业化，工业化是生产方式的工业化。工业化是产业化的基础和前提，只有工业化达到一定的程度，才能实现产业现代化。建筑工业化的目标是实现建筑产业化。因此，实现建筑产业现代化的有效途径是新型建筑工业化，推动建筑产业现代化必须以新型建筑工业化为核心。

作为新型建筑工业化的核心技术体系，装配式混凝土结构有利于提高生产效率，节约能源，发展绿色环保建筑，并且有利于提高和保证建筑工程质量。相较于现浇施工工法，装配式混凝土结构施工工法更符合绿色施工的节地、节能、节材、节水和环境保护等要求，降低对环境的负面影响，包括降低噪声，防止扬尘，减少环境污染，清洁运输，减少场地干扰，节约水、电、材料等资源和能源，遵循可持续发展的原则。此外，装配式混凝土结构可以连续地按顺序完成工程的多个或全部工序，从而减少进场的工程机械种类和数量，消除工序衔接的停闲时间，实现立体交叉作业，减少施工人员，从而提高工效、降低物料消耗、减少环境污染，为绿色施工提供保障。另外，装配式混凝土结构可以在较大程度上减少建筑垃圾（占城市垃圾总量的 30%～40%），如废钢筋、废铁丝、废竹/木材、废弃混凝土等。

（3）绿色建筑。它贯穿建筑全寿命周期，指最大限度地节约资源（节能、节地、节水、节约材料），保护环境，减少污染，为人们提供健康、适用、高效的空间利用，与自然和谐共处。

装配式建筑是实现建筑工业化，完成建筑业现代化转型的必要条件。推进建筑业现代化是我国实现建筑业转型升级的根本手段，对于促进建筑业、建材业、房地产业融合，提高建筑科技含量和生产效率，解决建筑用工紧缺问题，提高施工质量、建设质量，降低施工工期，保障施工项目安全，减少资源消耗和环境污染，都具有十分重要的意义。

1.1.2 装配式建筑分类

1. 按建筑材料划分

装配式建筑按建筑材料可分为装配式混凝土结构建筑、装配式钢结构建筑、装配式木结构建筑和装配式竹结构建筑等,如图 1-3~图 1-6 所示。

图 1-3 装配式混凝土结构建筑

图 1-4 装配式钢结构建筑

图 1-5 装配式木结构建筑

图 1-6 装配式竹结构建筑

装配式混凝土结构一词来自英文 precast concrete structure,简称 PC 结构,是由预制混凝土构件通过可靠的连接方式装配而成的混凝土结构,包括装配整体式混凝土结构、全装配混凝土结构等。

装配式钢结构建筑是指按照统一、标准的建筑部品规格与尺寸,在工厂将钢构件加工制作成房屋单元或部件,然后运至施工现场,再通过连接节点将各单元或部件装配成一个结构整体。钢材具有轻质高强、易加工、易运输、易装配与拆卸的特点,所以钢结构适用于装配式的建筑体系。

装配式竹木结构建筑是采用工业化的胶合木材、胶合竹材或木、竹基复合材作为建筑结构的承重构件,并通过金属连接件将这些构件连接而成。《多高层木结构建筑技术标准》(GB/T 51226—2017)将装配式木结构建筑的结构体系和结构类型归纳为如下几种。

(1) 纯木结构体系:①轻型木结构;②木框架支撑结构;③木框架剪力墙结构;④正交胶合木剪力墙结构。

(2) 木混合结构体系:①上下混合木结构;②混凝土核心筒木结构体系。

2. 按结构体系划分

装配式建筑按结构体系可分为装配式框架结构体系、装配式剪力墙结构体系、装配式框架-剪力墙结构体系等。

1) 装配式框架结构

框架结构是由梁、板和柱共同组成的结构以承受房屋全部的荷载(图 1-7)。框架结构的空间分隔灵活,节省材料,可以较灵活地配合建筑平面布置,利于安排需要较大空间的建筑结构。通过合理设计,框架结构的梁和柱能够共同承受使用时的竖向荷载和地震时的水平荷载,具有良好的抗震性能。由于框架结构主要受力构件梁和柱易于标准化和成型化,非常适合装配式施工作业。装配式框架结构体系包括装配式混凝土框架结构体系、装配式钢框架结构体系以及装配式竹木框架结构体系等。装配式框架结构不仅可以提高施工效率,降低环境污染,还可以保证建筑结构质量,是应用最为广泛的结构体系形式之一。一般预制构件有柱、叠合梁、叠合楼板、阳台、楼梯等。

图 1-7　装配式框架结构

2) 装配式剪力墙结构

剪力墙结构在我国多、高层建筑中得到广泛的应用,装配式剪力墙结构是一种适合我国国情的工业化建筑结构体系。装配式剪力墙结构的主要受力构件包括剪力墙、梁和板,结构体系包括上述部分或全部混凝土预制构件(图 1-8)。预制构件在施工现场进行拼装,上、下墙板采用竖向受力钢筋浆锚连接或灌浆套筒连接,楼面梁板采用叠合现浇,从而形成整体。一般预制构件包括剪力墙、叠合楼板、楼梯、阳台等。

3) 装配式框架-剪力墙结构

装配式框架-剪力墙结构体系根据预制构件部位的不同,可以分为预制框架-现浇剪力墙结构、预制框架-现浇核心筒结构、预制框架-预制剪力墙结构三种形式。装配式框架-剪力墙结构中,框架部分与装配式框架类似,剪力墙部分可采用现浇或者预制。若剪力墙布置为核心筒的形式,即形成装配式框架-核心筒结构(图1-9)。装配式框架-剪力墙结构兼有框架结构和剪力墙结构的特点,体系中剪力墙和框架布置灵活,易实现大空间,适用于较高的建筑。

图1-8　装配式剪力墙结构

图1-9　装配式框架-核心筒结构

1.1.3　我国建筑工业化发展政策

2016年2月,中共中央、国务院《关于进一步加强城市规划建设管理工作的若干意见》把发展新型建造方式作为今后城市规划建设管理工作的一个重要方向,提出要加大政策支持力度,大力推广装配式建筑,制定装配式建筑的设计、施工和验收规范。

2016年9月,国务院常务会议决定,大力发展钢结构、混凝土等装配式建筑。会议提出,一要适应市场需求,完善装配式建筑标准与规范;二要健全与装配式建筑相适应的发包承包、施工许可、工程造价、竣工验收等制度;三要加大人才培养力度。此次发展装配式建筑获得中央层面的支持和资源倾斜,住宅产业化、装配式建筑将进入快速发展阶段。

2016年9月,国务院办公厅《关于大力发展装配式建筑的指导意见》提出:①发展装配式建筑是建造方式的重大变革,是推进供给侧结构性改革的重大变革,是推进供给侧结构性改革和新型城镇化发展的重要举措。②坚持标准化设计、工厂化生产、装配化施工、一体化装修、信息化管理、智能化应用,提高技术水平和工程质量,促进建筑产业转型升级。③力争用10年左右的时间,使装配式建筑占新建建筑面积的比例达到30%。④强化队伍建设,大力培养装配式建筑设计、生产、施工、管理等专业人才。鼓励高等学校、职业学校设置装配式建筑相关课程,推动装配式建筑企业开展校企合作,创新人才培养模式。

2016年11月,中华人民共和国住房和城乡建设部(以下简称"住建部")在上海市召开了全国装配式建筑工作现场会。住建部党组书记、部长陈政高要求:下一步要重点抓好七项工作,努力实现装配式建筑发展的新突破。一是全面落实装配式建筑发展目标和重点任务。用10年左右的时间,使装配式建筑占新建建筑面积的比例达到30%。二是全面形成装配式建筑技术标准。三是加大基础产业建设力度。四是建设新型的职工队伍。五是进一步加大政策支持力度。六是推动建筑业管理体制机制创新。七是住建部门在发展装配式建筑中要有所作为。

2018 年 2 月,中华人民共和国住房和城乡建设部颁布实施了《装配式建筑评价标准》(GB/T 51129—2017),明确定义了"预制率"及"装配率"等专业术语。"预制率"是指工业化建筑室外地坪以上的主体结构和围护结构中,预制构件部分的混凝土用量占对应构件混凝土总用量的体积比;"装配率"即工业化建筑中预制构件、建筑部品的数量(或面积)占同类构件或部品总数量(或面积)的比例。

我国预制混凝土技术标准编制历时 10 年左右,目前预制混凝土领域的国家和行业标准已基本齐备。现行的预制混凝土结构设计、构件生产、结构施工、工程验收等系列标准可指导我国建筑工程领域的装配式结构工程实施。国家主要从"结构装配化、施工机械化、装修模块化、模数统一化"四个方面来构建建筑工业化标准体系。国家从标准的属性上将标准分为"综合标准、基础标准、通用标准、专用标准"四个层次,已列入建筑工业化标准体系的基础标准有 6 项,通用标准有 9 项,专用标准有 47 项,这些标准名称可以从国家工程建设标准化信息网查询,主要包括:

(1)《装配式建筑评价标准》(GB/T 51129—2017)

(2)《装配式钢结构建筑技术标准》(GB/T 51232—2016)

(3)《装配式混凝土建筑技术标准》(GB/T 51231—2016)

(4)《装配式木结构建筑技术标准》(GB/T 51233—2016)

(5)《装配式混凝土结构技术规程》(JGJ 1—2014)

(6)《预制带肋底板混凝土叠合楼板技术规程》(JGJ/T 258—2011)

(7)《混凝土结构工程施工规范》(GB 50666—2011)

(8)《装配式混凝土结构预制构件选用目录(一)》(16G116-1)

(9)《装配式混凝土结构住宅建筑设计示例(剪力墙结构)》(15J939-1)

(10)《装配式混凝土结构表示方法及示例(剪力墙结构)》(15G107-1)

(11)《预制混凝土剪力墙外墙板》(15G365-1)

(12)《预制混凝土剪力墙内墙板》(15G365-2)

(13)《装配式混凝土连接节点构造》(15G310-1)

(14)《装配式混凝土连接节点构造(剪力墙)》(15G310-2)

(15)《桁架钢筋混凝土叠合板(60mm 厚底板)》(15G366-1)

(16)《预制钢筋混凝土阳台板、空调板及女儿墙》(15G368-1)

(17)《预制钢筋混凝土板式楼梯》(15G367-1)

(18)《钢筋套筒灌浆连接应用技术规程(2023 年版)》(JGJ 355—2015)

(19)《钢筋机械连接技术规程》(JGJ 107—2016)

(20)《装配式混凝土剪力墙结构住宅施工工艺图解》(16G906)

(21)《混凝土结构工程施工质量验收规范》(GB 50204—2015)

1.2　建筑产业现代化发展现状

1.2.1　国外发展现状

工业化预制技术起源于 19 世纪的欧洲,在 20 世纪初受到重视。但无论是在欧洲、日本还是美国,其快速发展的原因有两个:一是工业革命,它导致了大量农民向城市集中,从而导致了城市化运动的快速发展;二是第二次世界大战后城市住宅需求急剧增加,同时战争的破坏导致住房存量下降,大量士兵复员,加剧了住房供需矛盾。在这种情况下,一批受工业化影响的现代主义建筑师开始考虑以工业化的方式生产住宅。

国外建筑产业现代化以住宅产业现代化为主要特征,是在住宅全寿命周期过程中引入现代科技成果与管理方式,采用现代工业化生产方式生产住宅,提高劳动生产率,降低建造和运营成本,满足节能、节水、节材、节地和环保需求,全面改善住宅的使用功能和居住质量。

1. 欧洲

制造技术方面,以德国、意大利、法国等发达国家为主的建筑工业化主要采用流水线作业进行构件生产,产品以平板类构件为主,包括墙板、叠合楼板、砌块等。法国在 1891 年就已使用装配式混凝土构件,迄今已有 130 多年的历史。法国建筑工业化以混凝土体系为主,钢、木结构体系为辅。结构形式上多采用框架或板柱体系。德国装配式住宅主要采取装配式叠合板体系。预制墙板由两层预制板与格构钢筋制作而成,现场就位后,在两层板中间浇筑混凝土,共同承受竖向荷载和水平力作用。该结构能很好地结合现浇混凝土结构和装配式混凝土结构的特点,基本不存在一般装配式剪力墙的拼缝薄弱环节,能够大幅度减少模板和支架的用量,节省工程费用,并且墙体轻便,大体量的构件也能应用。德国也是世界上建筑能耗降低幅度发展最快的国家,直至近几年提出零能耗的被动式建筑。瑞典和丹麦早在 20 世纪 50 年代开始就已有大量企业开发了预制混凝土板墙部件。目前,新建住宅中通用部件占到了 80%,既满足多样性的需求,又达到了 50% 以上的节能率。在设计技术方面,欧洲大部分地区的住宅为低层住宅,且抗震要求不高,因此房屋以板墙为主,连接构造相对简单。

2. 美国

美国在 20 世纪 70 年代能源危机期间开始实施配件化施工和机械化生产。美国城市发展部出台了一系列严格的行业标准、规范,一直沿用至今,并与后来的美国建筑体系逐步融合。美国城市住宅结构基本上以装配式混凝土和装配式钢结构住宅为主,降低了建设成本,提高了工厂通用性,增加了施工的可操作性。从设计技术的角度,美国形成了一系列标准产品可供选用,主要是 SP 板、双 T 板、预制梁柱等,这些标准构件与其他非标构件和现浇构件组合,创造出丰富的建筑结构。

3. 日本

日本的建筑工业化,从设计技术来看主要强调刚柔结合的地震防灾、减灾理念。建筑结构主要分成了一些专用体系,有传统轻钢结构房屋、剪力墙板式住宅、框架结构住宅等。从预制技术来看,日本的预制生产技术主要强调质量的可靠性、耐久性,机械化水平也较高,但并不强调自动化生产线生产。

4. 新加坡

新加坡开发出 15 层到 30 层的单元化的装配式住宅,占全国总住宅数量的 80% 以上。通过平面布局、部件尺寸和安装节点的重复性来实现以标准化设计为核心的建筑工业化,装配率达到 70%。

1.2.2　国内发展现状

20 世纪 90 年代以后,我国现浇混凝土体系应用较广泛,但现浇混凝土结构存在的现场质量控制困难、质量不稳定等问题一直无法解决。1999 年,国务院办公厅印发《关于推进住宅产业化,提高住宅质量若干意见的通知》,2006 年颁布《国家住宅产业化基地实施大纲》,更加重视建筑工业化的发展方向。2008 年开始探索 SI 住宅(SI 住宅指住宅的承重结构骨架具有耐久性,而且是固定不变的,而内部的结构可以根据住户的需求灵活变化)技术研发、建设技术集成和全装修的应用试点项目,地方政府也相继出台了建筑产业现代化的政策。近年来,各级政府高度重视建筑产业现代化的工作,加快出台、编制相应的指导意见、鼓励政策、发展规划以及新的标准规范等。

(1) 国家产业政策方面:目前国家层面主要是住房和城乡建设部推进的建筑产业现代化发展纲要和实施建议,建筑产业现代化是住建部继住宅产业化和新型建筑工业化之后提出的建筑业发展战略,是推进绿色建筑行动计划的重要支撑,高度概括了我国建筑业未来转型升级的发展方向。

(2) 技术标准方面:我国预制混凝土技术标准编制历时 10 年左右,目前预制混凝土领域的国家和行业标准已基本齐备,现行的预制混凝土结构设计、构件生产、结构施工、工程验收等系列标准完全可以指导我国建筑工程领域的装配式结构工程实施。

(3) 房地产开发企业情况:在万科集团强力推进住宅产业化取得阶段进展的背景下,许多开发企业主动或被动关注住宅产业化和预制混凝土技术,纷纷开始尝试产业化住宅试点项目的学习和探索。

(4) 设计咨询情况:由于各地产业化政策相继出台,许多有实力的设计咨询企业开始探索向产业化方向转型,通过试点工程和专业培训相结合,全国各地迅速出现了一批产业化设计咨询团队,成为产业化发展的一大亮点。

(5) 大型建筑施工企业情况:以中国建筑集团有限公司为代表的国有大型建筑总承包企业相继开展新型建筑工业化转型升级之路,希望通过产业一体化平台建设(开发+设计+生产+施工),迅速提升企业的市场竞争力。

(6) 设备配件企业:近年来,国内外设备配件企业发展迅速,在全国各地抢滩建厂成为一大亮点。PC 生产线的自动化和信息化管理水平不断提高,预制工厂的工业化水平已达到国际先进水平。

随着科技研发投入的不断加大,各项技术体系日益成熟,众多龙头企业积极探索和实践。通过试点示范的带动作用,在加快区域整体推进等方面取得了明显成效。目前,已有多个省市陆续出台了推进建筑产业现代化(或住宅产业现代化)的指导意见,试点示范项目已经从个别城市、个别项目向区域或城市规模化推广方向发展,如深圳、上海、北京、长沙等地已开始在全市大面积推广。

本章小结

本章系统地介绍了装配式建筑的定义,建筑工业化和产业现代化的概念以及国内外的发展历程。通过对本章内容的学习,读者可以了解装配式建筑体系的基本内容,这对学习以后的章节大有帮助。

复习思考题

1-1 我国现阶段工程常用的装配式结构体系包括哪些？不同装配式建筑结构体系的优缺点是什么？

1-2 在中高烈度地震区域推广建筑工业化时，应该进行哪些方面的考量？在进行结构体系的选择、设计和施工时需要注意哪些方面的内容？

1-3 欧美国家及日本具有完善的建筑工业化结构体系，如在国内引进和应用会出现什么问题？国外的建筑工业化发展历程对我国有何借鉴？

第 **2** 章

装配式建筑结构设计概述

2.1 装配式混凝土结构

2.1.1 装配式混凝土结构体系

装配式混凝土结构是由预制混凝土构件通过可靠连接装配而成的混凝土结构,包括装配整体式混凝土结构、全装配式混凝土结构等。预制构件通过现场后浇混凝土、水泥基灌浆料连接形成整体的装配式混凝土结构,称为装配整体式混凝土结构。预制构件之间通过干式连接形成的混凝土结构称为全装配式混凝土结构。根据结构形式和预制方案,大致可将装配整体式混凝土结构分为装配整体式框架结构、装配整体式剪力墙结构、预制叠合剪力墙结构、装配整体式框架-现浇剪力墙结构等。

1. 装配整体式框架结构

框架结构是指由梁、板和柱组成的承重系统(图 2-1),即由梁、板和柱组成框架共同抵抗使用过程中出现的水平荷载和竖向荷载,结构中的墙体不承重,仅起到围护和分割的作用。如整幢房屋均采用这种结构形式,则称为框架结构体系或框架结构房屋。框架的主要受力构件包括梁、柱和板。全部或部分框架梁、柱采用预制构件构建成的装配整体式混凝土结构称作装配整体式混凝土框架结构,简称装配整体式框架结构(图 2-2)。

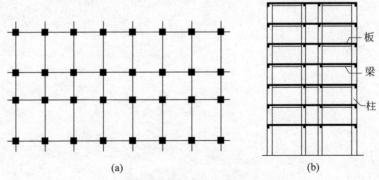

(a)   (b)

图 2-1 框架结构平面及剖面示意图

(a) 平面布置;(b) 剖面图

图2-2 装配整体式框架结构示意图

装配整体式框架结构的优点是：建筑平面布置灵活，用户可以根据需求对内部空间进行调整；结构自重较轻，多高层建筑多采用这种结构形式；装配整体式框架结构的计算理论比较成熟，构件较容易实现模数化与标准化，可以根据具体情况确定预制方案，获得较高的预制率；框架结构的预制构件重量较小，吊装方便，对现场起重设备的起重量要求低。装配整体式框架结构多应用于办公楼、商场、学校等公共建筑，但随着精装修住宅的推出及用户对户型可变的需求日益强烈，装配整体式框架结构也开始被应用于住宅设计中。

2. 装配整体式剪力墙结构

高度较大的建筑物如采用框架结构，需采用较大的柱截面尺寸，通常会影响房屋的使用功能。用钢筋混凝土墙代替框架，主要承受水平荷载，墙体受剪和受弯，称为剪力墙。如整幢房屋的竖向承重结构全部由剪力墙组成，则称为剪力墙结构（图2-3）。全部或部分剪力墙采用预制墙板构建成的装配整体式混凝土结构称作装配整体式混凝土剪力墙结构，简称装配整体式剪力墙结构（图2-4）。

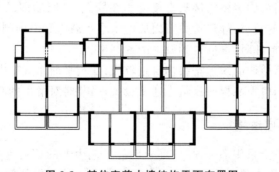

图2-3 某住宅剪力墙结构平面布置图

抗震设计时，为保证剪力墙底部出现塑性铰后具有足够的延性，对可能出现塑性铰的部位应加强抗震措施，加强部位称为"底部加强部位"。为保证装配整体式剪力墙结构的抗震性能，通常在底部加强部位采用现浇结构，在加强区以上部位采用装配整体式结构。装配整体式剪力墙结构施工现场照片见图2-5。

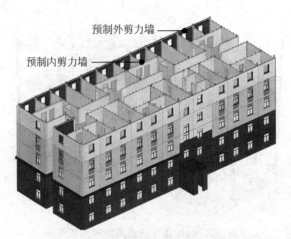

图 2-4 装配整体式剪力墙结构示意图

图 2-5 某装配整体式剪力墙结构施工现场照片

　　装配整体式剪力墙结构房屋的楼板直接支承在墙上,房间墙面及天花板平整。整体结构层高较小,适用于住宅、宾馆等建筑。剪力墙的水平承载力和侧向刚度较大,侧向变形小。此外,剪力墙作为预制构件时,可以得到较高的预制率。

　　装配整体式剪力墙结构的缺点是结构自重较大,建筑平面布置局限性大,较难获得较大的建筑空间。单块预制剪力墙板的重量也通常较大,吊装时对塔吊的起重能力要求较高。

3. 预制叠合剪力墙结构

　　预制叠合剪力墙是指采用部分预制、部分现浇工艺生产的钢筋混凝土剪力墙。在工厂制作、养护成型的部分称作预制剪力墙墙板。预制剪力墙外墙板外侧饰面可根据需要在工厂一体化生产制作。预制剪力墙墙板运输至施工现场,吊装就位后将叠合层整体浇筑,此时预制剪力墙墙板可兼作剪力墙外侧模板使用。施工完成后,预制部分与现浇部分共同参与结构受力。采用这种形式剪力墙的结构称作预制叠合剪力墙结构,该结构现场施工照片如图 2-6 所示。

图 2-6　预制叠合剪力墙施工现场照片

预制叠合剪力墙的外墙模有单侧预制与双侧预制两种方式(图 2-7)。单侧预制叠合剪力墙一般作为结构的外墙,预制墙板一侧设置叠合筋,现场施工需单侧支模、绑扎钢筋并浇筑混凝土叠合层。双侧预制叠合剪力墙可作为外墙也可作为内墙,预制部分由两层预制墙板和格构钢筋组成,在现场将预制部分安装就位后于两层板中间穿钢筋并浇筑混凝土。

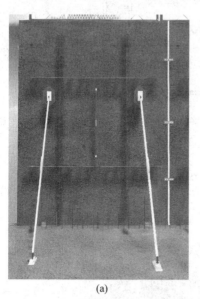

(a)　　　　　　　　　　　　　　　　(b)

图 2-7　预制叠合剪力墙照片

(a) 单侧预制墙板；(b) 双侧预制墙板

预制叠合剪力墙结构主体部分与全现浇剪力墙结构相似,结构的整体性较好。主体结构施工时节省模板,也不需要搭设外脚手架。相较于传统现浇的剪力墙,预制叠合剪力墙通常比较厚,现场吊装时墙板定位及支撑难度大。由于预制墙板表面有桁架筋,现浇部分的钢筋布置比较困难,这种体系的结构通常难以实现高预制率。

4．装配整体式框架-现浇剪力墙结构

当建筑物需要有较大空间且高度较大不适合采用框架结构时，为充分发挥框架结构平面布置灵活和剪力墙结构侧向刚度大的特点，可采用框架和剪力墙共同工作的结构体系，即框架-剪力墙结构(图 2-8)。框架-剪力墙结构体系在框架结构中布置一定数量的剪力墙，通过水平刚度很大的楼盖将二者联系在一起共同抵抗水平荷载，其中剪力墙承担大部分水平荷载。将框架结构某些构件在工厂预制，如板、梁、柱等，然后在现场进行装配，将框架结构叠合部分与剪力墙在现场浇筑完成，从而形成共同承担水平荷载和竖向荷载的整体结构，这种结构形式称作装配整体式框架-现浇剪力墙结构(图 2-9)。

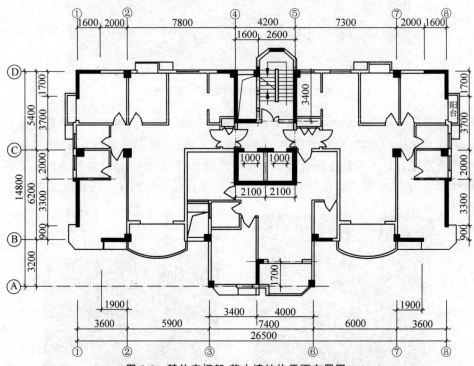

图 2-8　某住宅框架-剪力墙结构平面布置图

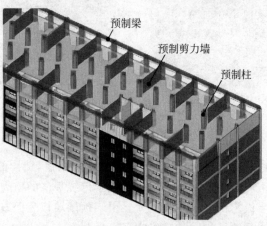

图 2-9　装配整体式框架-现浇剪力墙结构示意图

装配整体式框架-现浇剪力墙结构在水平荷载作用下,框架与剪力墙通过楼盖形成框架-剪力墙结构时,各层楼盖因其巨大的水平刚度使框架与剪力墙的变形协调一致,因而其侧向变形属于介于弯曲型与剪切型之间的弯剪型。由于框架和剪力墙的协同作用,框架每层之间的剪力趋于均匀,每层梁柱的截面尺寸和配筋也趋于均匀,这也改变了纯框架结构的应力和变形特性。相较于框架结构,剪力墙结构的存在有助于提高结构的水平承载力,框架-剪力墙结构的水平承载力和侧向刚度显著提高。由于仅预制框架结构构件,预制楼板、梁、柱等单个预制构件的重量相对较轻,对现场施工塔吊的起重能力要求相对较低,由于剪力墙为现浇部分,因此现场施工难度也相对较低。

装配整体式框架-现浇剪力墙结构具有较高的竖向承载力和水平承载力,可应用于较高的办公楼、教学楼、医院和宾馆等项目。相较于现浇框架-剪力墙结构,装配整体式框架-现浇剪力墙结构通常避免将现浇剪力墙布置在周边。如果剪力墙布置在结构的周边,现场施工时,仍然需要搭建外脚手架。

2.1.2　外围护结构体系

1. 外挂墙板

对于传统的现浇混凝土结构而言,外围护墙在主体结构完成后采用砌块砌筑,这种墙也被称作二次墙。为了加快施工进度、缩短工期,将外围护墙改成钢筋混凝土墙。将墙体进行合理的分割及设计,在工厂预制后运至现场进行安装,从而实现外围护墙与主体结构的同时施工。这种起围护、装饰作用的非承重预制混凝土墙板通常采用预埋件或留出钢筋与主体结构实现连接,因此被称作预制外挂墙板,简称外挂墙板(图 2-10)。采用外挂墙板的办公楼如图 2-11 所示。

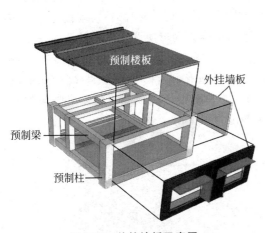

图 2-10　外挂墙板示意图

图 2-11　某办公楼实景照片

外挂墙板设计应考虑自重、风荷载及地震作用的影响。计算外挂墙板自重时,除考虑混凝土自重外,尚应考虑隔热、防水、防火材料及外墙饰面的重量。外挂墙板系统根据受面内水平荷载的运动方式可以分为平动型(sliding 型)、回转型(rocking 型)和固定型(fixing

型),如图 2-12 所示。

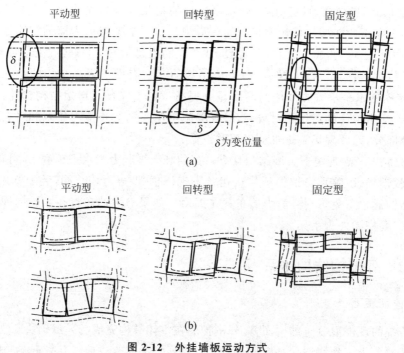

图 2-12　外挂墙板运动方式

(a) 不考虑结构体变形；(b) 考虑结构体变形

1）平动型系统

平动型系统的墙板可采用顶部与梁铰接、底部与梁固接的方式,顶部水平向有一定的移动空间,结构在水平荷载作用下发生层间变形时,外挂墙板通过顶部与梁发生水平相对位移而协调结构楼层的变形。平动型系统的墙板也可采用底部与梁铰接、顶部与梁固接的方式,底部水平向有一定的移动空间,结构在水平荷载作用下发生层间变形时,外挂墙板通过底部与梁发生水平相对位移而协调结构楼层的变形。平动型墙板变形协调示意图见图 2-13。

2）回转型系统

回转型系统的外挂墙板,墙体顶部与梁铰接,并在竖向有一定的移动空间,墙板底部也与梁铰接。结构在水平荷载作用下发生层间变形时,外挂墙板通过顶部与梁发生竖向相对位移而协调结构楼层的变形。回转型墙板变形协调示意图见图 2-14。

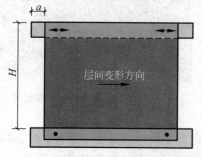

图 2-13　平动型墙板变形协调示意图

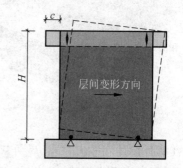

图 2-14　回转型墙板变形协调示意图

3）固定型系统

固定型系统的外挂墙板,其节点构造为预制外挂墙板固定在一根梁上。当结构在水平荷载作用下发生层间变形时,墙板随整个结构的变形而发生相对于原来位置的位移,而墙板与梁之间不发生相对位移。

外挂墙板通常为单层的预制混凝土板(图 2-15(a))。根据需要,有时也将保温板置入混凝土板内并整体预制,这样便形成了两侧为预制混凝土板、中间为保温层的预制夹心墙板,两侧的预制混凝土板通过连接件连接,这种板也被称作三明治板(图 2-15(b))。

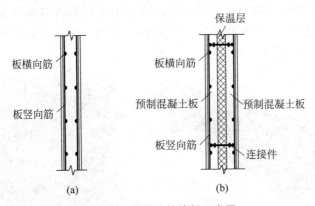

图 2-15　预制外挂墙板示意图

（a）单板；（b）夹心墙板

2. 内浇外挂墙板

内浇外挂墙板在国内已有比较多的应用实例,一般是指将预制混凝土外挂墙板作为外模板与建筑结构主体浇筑在一起。预制混凝土外墙可采用悬挂式和侧连式的连接形式,见图 2-16。抗震设计时,内浇外挂墙板的预制混凝土外墙板按非结构构件考虑,整体分析应

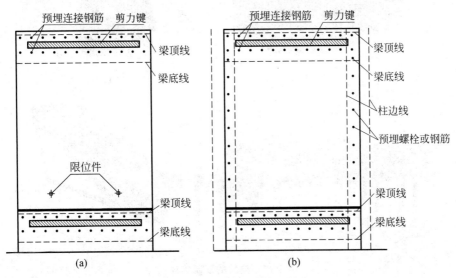

图 2-16　内浇外挂墙板示意图

（a）悬挂式外墙；（b）侧连式外墙

计入预制外挂墙板及连接对结构整体刚度的影响。根据不同的连接形式,结构整体计算及预制外墙计算应采用相应的计算方法。

2.1.3　预制构件及连接

1. 预制构件

预制混凝土构件是指在工厂或现场预先制作的混凝土构件,简称预制构件。针对不同的结构体系,可采用的预制构件有所不同。典型的预制构件有叠合梁、叠合楼板、预制柱、预制剪力墙、预制阳台、预制楼梯等(图 2-17)。针对不同结构体系的主要预制构件见表 2-1。

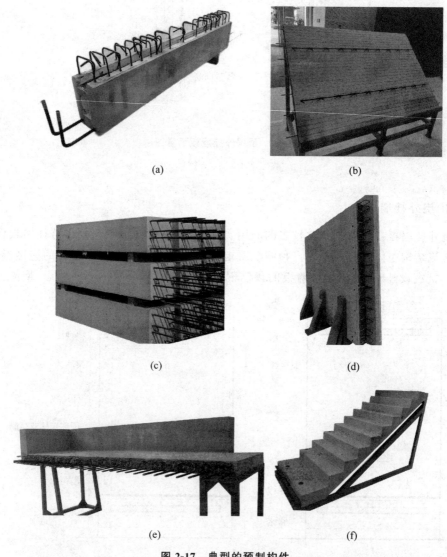

图 2-17　典型的预制构件

(a) 叠合梁;(b) 叠合楼板;(c) 预制柱;(d) 预制剪力墙;(e) 预制阳台;(f) 预制楼梯

表 2-1　装配整体式结构的主要预制构件

结 构 体 系	主要预制构件
装配整体式框架结构	叠合梁、预制柱、叠合楼板、预制外挂楼板、叠合阳台、预制楼梯、预制空调板等
装配整体式剪力墙结构	预制剪力墙板、预制外挂墙板、叠合梁、叠合阳台、预制楼梯、预制空调板等
预制叠合剪力墙结构	预制叠合剪力墙板、预制外挂墙板、叠合梁、叠合楼板、叠合阳台、预制楼梯、预制空调板等
装配整体式框架-现浇剪力墙结构	叠合梁、预制柱、叠合楼板、预制外挂墙板、叠合阳台、预制楼梯、预制空调板等

2. 构件连接

在装配式建筑中,节点对于结构整体安全性至关重要。现有装配式建筑中的连接包括两种方式:干式连接和湿式连接。干式连接:预制构件通过预埋件进行连接,不需要现场浇筑混凝土。湿式连接:预制构件之间的连接通过浇筑混凝土或灌浆料予以实现。目前,在我国装配整体式混凝土结构中,主要受力构件之间的连接采用湿式连接,如柱-柱连接、梁-柱连接、楼板-梁连接、剪力墙竖向和横向接头连接、叠层阳台梁连接等。对于非受力构件与主体结构的连接,以及非受力构件之间的连接,可以根据具体情况使用干式连接,例如外挂墙板与梁之间的连接。主要预制构件间及其与主体结构间常用的连接方式见表 2-2。

表 2-2　主要预制构件间及其与主体结构间常用的连接方式

连 接 节 点	连 接 方 式	
梁-柱	干式连接:牛腿连接、榫卯连接、钢板连接、螺栓连接、焊接连接、企口连接、机械套筒连接等	湿式连接:现浇连接、浆锚连接、预应力技术的整浇连接、后浇整体式连接、灌浆拼装等
叠合楼板-叠合楼板	干式连接:预制楼板与预制楼板之间设调整缝	湿式连接:预制楼板与预制楼板之间设后浇带
叠合楼板-梁(或叠合梁)	板端与梁边搭接,板边预留钢筋,叠合层整体浇筑	
预制墙板与主体结构	外挂式:预制外墙上部与梁连接,侧边和底边仅作限位连接	侧连式:预制外墙上部与梁连接,墙侧边与柱或剪力墙连接,墙底边与梁仅作限位连接
预制剪力墙与预制剪力墙	浆锚连接、灌浆套筒连接等	
预制阳台-梁(或叠合梁)	阳台预留钢筋与梁整体浇筑	
预制楼梯与主体结构	一端设置固定铰,另一端设置滑动铰	
预制空调板-梁(或叠合梁)	预制空调板预留钢筋与梁整体浇筑	

1) 湿式连接

湿式连接的接合要素为钢筋、混凝土粗糙面、灌浆套筒、键槽等。预制构件连接接缝一般采用强度等级高于预制构件的后浇混凝土、灌浆料或坐浆材料。对于装配整体式结构的控制区域,即梁、柱箍筋加密区及剪力墙底加强部位,接缝要实现强连接,保证不在接缝处发生破坏。

(1) 钢筋连接。装配整体式结构中,节点处受力钢筋连接宜根据节点受力、施工工艺等要求选用套筒灌浆连接、浆锚搭接连接、机械连接、焊接连接、绑扎搭接连接等连接方式。装配整体式框架结构中,框架柱的纵向受力钢筋连接宜采用套筒灌浆连接。梁的水平钢筋连接可根据实际情况选用机械连接、焊接连接或者套筒灌浆连接。装配整体式剪力墙结构中,预制剪力墙竖向钢筋的连接可根据不同部位,分别采用套筒灌浆连接、浆锚搭接连接、后浇带连接等连接方式。预制剪力墙水平分布筋的连接可采用焊接、搭接等连接方式。主要预制构件常用的钢筋连接方式见表 2-3。

表 2-3　主要预制构件的钢筋连接方式

连 接 方 式		套筒连接	约束浆锚搭接	机械连接	搭接	焊接
竖向钢筋	预制柱纵筋	●	△	○	△	○
	边缘构件纵筋	●	○	○	○	○
	竖向分布钢筋	●	●	△	○	○
	连梁箍筋	△	△	△	●	○
水平钢筋	预制梁纵筋	●	△	●	●	●
	连梁纵筋	○	△	○	●	○
	水平分布钢筋	△	△	△	●	○
	边缘构件箍筋	△	△	△	●	○

注:●代表适宜采用的连接方式;○代表可以采用的连接方式,但存在技术限制或结构设计的特殊要求;△代表不应选用或连接部位可不采用的连接方式。

当纵向钢筋采用浆锚搭接连接时,对预留孔成孔工艺、孔道形状和长度、构造要求、灌浆料和被连接钢筋,应进行力学性能以及适用性的试验验证。对于直径大于 20mm 的钢筋不宜采用浆锚搭接连接,直接承受动力荷载构件的纵向钢筋不应采用浆锚搭接连接。

(2)粗糙面与键槽。通常在预制构件与后浇混凝土、灌浆料和坐浆材料的结合面设置粗糙面和键槽。有关粗糙面和键槽的要求如下:

① 在预制板与后浇混凝土叠合层之间的结合面需设置粗糙面。

② 在预制梁与后浇混凝土叠合层之间的结合面需设置粗糙面,在预制梁端面设置键槽且设置粗糙面。

③ 在预制剪力墙的顶部和底部与后浇混凝土的结合面需设置粗糙面;在侧面与后浇混凝土的结合面需设置粗糙面,也可设置键槽。

④ 在预制柱的底部设置键槽且需设置粗糙面,键槽应均匀布置,在柱顶设置粗糙面。

2)干式连接

构件的干式连接工程施工时不需要进行二次浇筑混凝土。干式连接一般用于非受力构件与主体结构之间的连接,如外挂墙板与框架梁之间的限位连接,一般需要在预制构件上预埋连接件。

2.2　装配式混凝土结构设计要点

2.2.1　装配式混凝土结构设计方法

装配式混凝土结构与现浇混凝土结构设计的区别在于前者在设计阶段需要对建设全过

程进行协同。对装配式混凝土结构而言,建设、设计、施工、构件加工等各单位在方案设计阶段就需进行协同工作,共同对建筑平面和立面根据标准化原则进行优化,对应用预制构件的技术可行性和经济性进行论证,共同进行整体策划,提出最佳方案。此外,建筑、结构、设备、装修等各专业也应密切配合,对预制构件的尺寸和形状、节点构造提出具体技术要求,并对制作、运输、安装和施工全过程的可行性以及造价等做出预测。此项工作对建筑功能、结构布置的合理性、预制构件的拆分和生产的方便性、工程造价等都会产生较大的影响。

对于装配式混凝土结构的设计,应注重概念设计和结构分析模型的建立,重点在于预制构件的连接设计。当装配式混凝土结构采用可靠的预制构件连接技术和合理的连接节点构造措施时,可认为具有与现浇混凝土结构等同的整体性、延性、承载力和耐久性能,可按与现浇混凝土结构相同的方法进行结构分析和设计。

2.2.2 预制构件的节点连接构造

装配式结构的连接节点数量多且构造复杂,因此节点的构造措施及施工质量对结构的整体抗震性能影响较大,需重点针对预制构件的连接节点进行设计。装配式结构节点设计主要包括:预制柱间连接节点;预制剪力墙间连接节点;叠合梁与预制柱连接节点;叠合楼板间连接节点;叠合阳台连接节点;预制楼梯连接节点。图 2-18 为框架-剪力墙结构中关键连接节点。

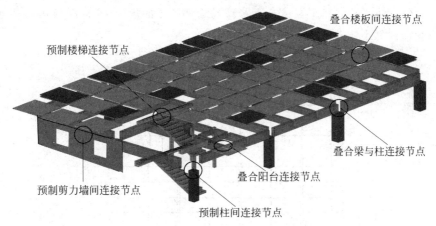

图 2-18 装配式框架-剪力墙结构中关键连接节点

1. 预制柱间连接节点

预制柱之间的纵向钢筋应采用套筒灌浆连接。当连接节点位于楼层时,框架梁的纵向钢筋需要穿过或在梁柱节点区弯曲锚固,这会导致梁柱连接节点区钢筋间距密集,影响梁柱的准确定位。因此,预制柱应尽量使用直径较大的钢筋和柱截面,以减少钢筋数量,增加钢筋间距,并便于柱钢筋的连接和梁钢筋在节点区域的布置。此外,如果以传统方式沿柱周边布置柱的纵向钢筋,虽然可以使用更大的直径和间距,但也较难避免与框架梁的纵向钢筋发生碰撞。因此,柱的纵向钢筋可以采用集中四角布置。当柱纵筋采用套筒灌浆连接时,套筒连接区域柱截面刚度及承载力较大,柱的塑性铰区可能会上移到套筒区域以上,因此至少应在套筒连接区域以上500mm高度区域内将柱箍筋加密,如图2-19所示。

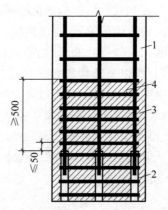

1—预制柱;2—柱钢筋连接;3—箍筋加密区;4—加密区箍筋。

图 2-19　预制柱箍筋加密要求

2. 预制剪力墙间连接节点

预制剪力墙竖向钢筋一般采用套筒灌浆或浆锚搭接连接。当采用套筒灌浆连接时,自套筒底部至套筒顶部并向上延伸300mm范围内,预制剪力墙的水平分布筋应加密(图2-20),加密区水平分布筋的最大间距及最小直径应符合表2-4的规定,套筒上端第一道水平分布钢筋距离套筒顶部不应大于50mm。

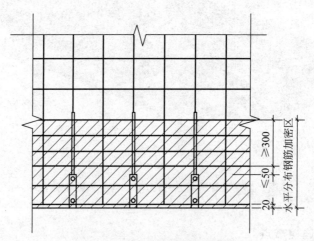

图 2-20　剪力墙箍筋加密要求

表 2-4　加密区水平分布钢筋的要求　　　　　单位:mm

抗 震 等 级	最 大 间 距	最 小 直 径
一、二级	100	8
三、四级	150	8

预制剪力墙边缘构件是保证剪力墙抗震性能的重要构件,且钢筋较粗,每根钢筋应逐根连接。剪力墙的分布钢筋直径较小且数量多,全部连接将导致施工烦琐且造价较高,连接头

数量太多对剪力墙的抗震性能也有不利影响。因此,可在预制剪力墙中设置部分较粗的钢筋并在接缝处仅连接这部分钢筋,被连接钢筋的数量应满足剪力墙的配筋率和受力要求,如图 2-21 所示。同层相邻预制剪力墙之间通过设置竖向现浇段连接,预制剪力墙与现浇非约束边缘构件采用设置暗柱连接,如图 2-22 所示。

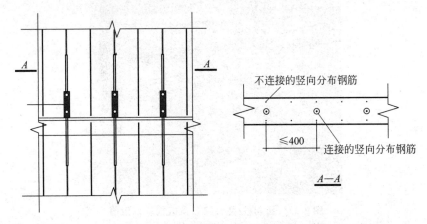

图 2-21 剪力墙竖向分布筋连接构造示意图

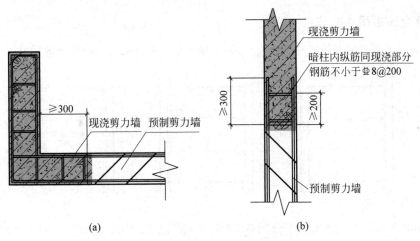

图 2-22 预制剪力墙水平连接构造示意

(a) 预制剪力墙与现浇边缘构件连接;(b) 预制剪力墙与现浇非边缘构件连接

3. 预制柱-叠合梁连接节点

在预制柱-叠合梁框架连接节点中,梁受力钢筋在节点中良好的锚固及连接方式是决定节点受力性能以及施工可行性的关键。梁、柱构件尽量采用较大直径、较大间距的钢筋布置方式,节点区的主梁钢筋较少,有利于节点的装配施工,保证施工质量。设计过程中,应充分考虑施工装配的可行性,合理确定梁、柱截面尺寸及钢筋的数量、间距及位置等(图 2-23)。

当采用现浇柱与叠合梁组成的框架时,节点做法与预制柱-叠合梁节点做法类似。节点区混凝土应与梁板后浇混凝土同时浇筑,柱内受力钢筋的连接方式与常规的现浇混凝土结构相同。预制柱-叠合梁框架节点、现浇柱-叠合梁框架节点在保证构造措施与施工质量情

图 2-23　预制柱-叠合梁节点区钢筋示意图

况下具有良好的抗震性能,与现浇节点基本等同。

4. 叠合楼板间连接节点

根据叠合楼板尺寸及接缝构造,叠合楼板可按照单向叠合或者双向叠合进行设计(图 2-24)。

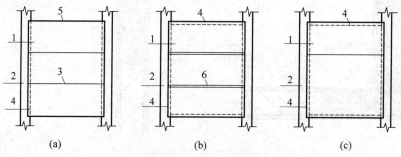

1—预制叠合楼板;2—梁或墙;3—板侧分离式拼缝;4—板端支座;5—板侧支座;6—板侧整体式拼缝。

图 2-24　预制叠合楼板形式

(a) 单向叠合楼板;(b) 带拼缝的双向叠合楼板;(c) 整块双向叠合楼板

当按照双向板设计时,可采用整块的叠合双向板或者几块叠合板通过整体式接缝组合成的叠合双向板。整体式接缝一般设置后浇带,后浇带应有一定的宽度以保证钢筋在后浇带中的连接或锚固空间,保证后浇混凝土与预制板的整体性。后浇带两侧的板底受力钢筋可采用焊接、机械连接、搭接等可靠连接技术。也可以将后浇带两侧的板底受力钢筋在后浇带中锚固,如图 2-25 所示。研究表明,采用整体式接缝构造的叠合板整体性较好。利用预制板边侧向伸出的钢筋在接缝处搭接并弯折锚固于后浇混凝土层中,可以实现接缝两侧钢筋的传力,形成双向板受力状态。接缝处伸出钢筋的锚固和重叠部分的搭接应有一定长度,以提高钢筋和混凝土间的黏结力,保证力的传递。钢筋的弯折角度应较小,并且后浇混凝土层应有一定厚度,弯折处应配构造钢筋以防止挤压破坏。

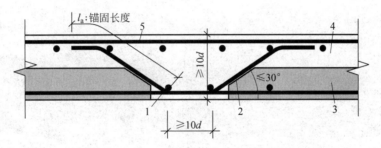

1—构造筋；2—钢筋锚固；3—预制板；4—现浇层；5—现浇层内钢筋。

图 2-25　整体式接缝构造

当按照单向板设计时,几块叠合板各自作为单向板进行设计,板侧可采用分离式拼缝(图 2-26)。

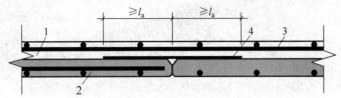

1—现浇层；2—预制板；3—现浇层内钢筋；4—接缝钢筋。

图 2-26　板侧分离式拼缝构造

叠合楼板通过现浇层与叠合梁或墙连为整体,叠合楼板现浇层钢筋与梁或者墙之间的连接和现浇结构完全相同,主要区别在于叠合楼板下层钢筋与梁或者墙的连接。在现浇混凝土结构中,楼板下层钢筋两个方向均需伸入梁或者墙内至少 5 倍钢筋直径的长度且需伸过梁或者墙中线。对于叠合楼板,下层钢筋均伸入梁或者墙内将导致板钢筋与梁或者墙钢筋相互碰撞且调节困难,叠合板难于准确就位。因此,叠合楼板下层钢筋只在主要受力方向伸出,非受力方向不伸出,采用附加钢筋的方式,保证楼面的整体性及连续性,如图 2-27 和图 2-28 所示。

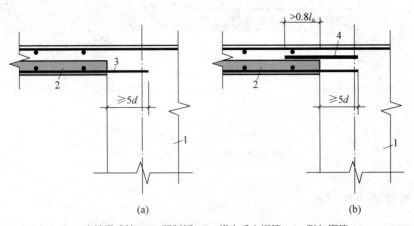

(a)　　　　　　　　　　　　(b)

1—支撑梁或墙；2—预制板；3—纵向受力钢筋；4—附加钢筋。

图 2-27　预制叠合板端及板侧构造

(a)板端支座；(b)板侧支座

图 2-28 预制板施工图

5. 叠合阳台连接节点

叠合阳台由预制部分与叠合部分组成,主要通过预制部分的预留钢筋与叠合层的钢筋搭接或者焊接与主体结构连成整体,如图 2-29 所示。

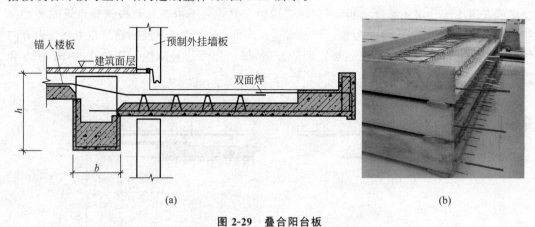

(a)   (b)

图 2-29 叠合阳台板

(a) 叠合阳台板构造;(b) 叠合阳台板构件

6. 预制楼梯连接节点

预制楼梯与主体结构之间可以通过在预制楼梯预留钢筋与梁的叠合层整体浇筑,也可以在预制楼梯预留孔,通过锚栓与灌浆料与主体连接,如图 2-30 所示。

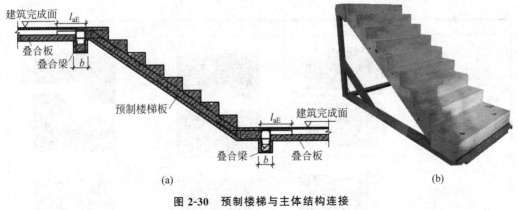

图 2-30 预制楼梯与主体结构连接

（a）预留钢筋连接；（b）预留孔连接

2.2.3 预制混凝土建筑外墙防水构造设计

1. 外墙防水概述

墙体是建筑物竖直方向的主要构件，具有承重、围护和分隔空间的作用。作为承重构件，墙体承受着建筑物由屋顶或楼板层传来的荷载，并将其向下传递给基础。作为围护构件，墙体起着遮挡雨水、风、雪等各种因素的侵袭和保温隔热隔声、防止太阳辐射的作用。作为分隔空间的构件，墙体起着分隔房间、创造室内舒适环境的作用。为此，要求墙体根据功能的不同应分别具有足够的强度、稳定性，具有保温、隔热、隔声、防火以及防水等能力。

外墙体防水对象的来源主要包括雨雪水、地下水和人工组织水（如管道水），其中以雨雪水最为主要。由于风压与高度的平方成正比，而高层建筑物的背风面能形成很强的负风压和气流漩涡，雨雪可在风的作用下浸入墙体。当预制外墙接缝有裂缝或毛孔时，雨水即会渗入室内。风力越强，雨水就越接近于水平方向运动，雨水向墙内渗透的压力亦越大，墙面的渗水就越明显。

雨水从外墙接缝处浸入的原理以及预制混凝土外墙板防水对策见表 2-5。

表 2-5 预制混凝土外墙板渗入原因及防水对策

	雨水浸入原理		防水对策	
重力作用	接缝内只要有向下的通路，雨水就会靠自重浸入		使接缝向上倾斜	设置有一定高度的泛水 设置披水

续表

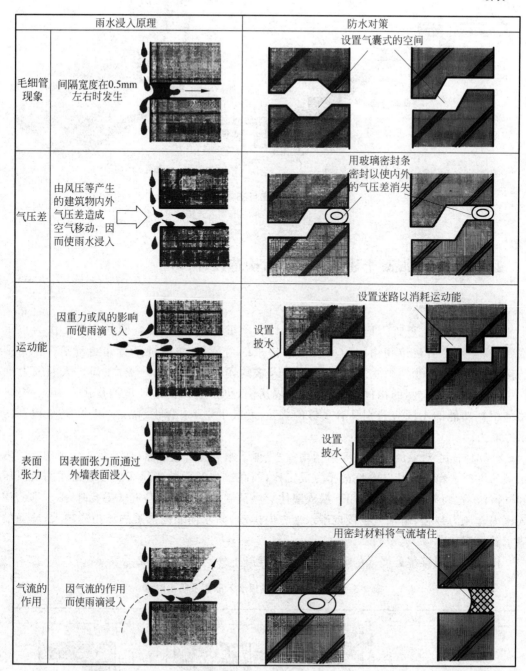

	雨水浸入原理		防水对策
毛细管现象	间隔宽度在0.5mm左右时发生		设置气囊式的空间
气压差	由风压等产生的建筑物内外气压差造成空气移动,因而使雨水浸入		用玻璃密封条密封以使内外的气压差消失
运动能	因重力或风的影响而使雨滴飞入		设置迷路以消耗运动能 设置披水
表面张力	因表面张力而通过外墙表面浸入		设置披水
气流的作用	因气流的作用而使雨滴浸入		用密封材料将气流堵住

2. 外挂墙板的接缝构造

外挂墙板的接缝应根据预制外挂墙板不同部位接缝的特点及风雨条件选用构造防排水、材料防排水或构造和材料相结合的防排水系统。

工程常用的预制外墙板接缝构造一般是以弹性塑料棒为背衬材料控制密封材料的深度,然后以合成高分子密封胶(如聚硫密封胶、硅酮密封胶等)对接缝进行密封处理。两道材料防水之间采用构造防水措施,形成一个减压密闭空仓,水平缝采用高低企口缝,垂直缝采用双直槽缝。上述这种以填缝剂将上下左右预制混凝土板密封以达到防水、防气流效果的系统即称为密闭式接缝。

除了考虑雨水作用以外,还应考虑墙板随着结构变形导致的墙板接缝变形,接缝宽度一般不小于20mm,防水密封材料的嵌缝深度不得小于20mm。外挂墙板接缝所用的防水密封胶应选用耐候性密封胶,密封胶应与混凝土具有相容性,并具有低温柔性、防霉性及耐水性等性能。其最大变形量、剪切变形性能等均应满足结构设计要求。

外挂墙板接缝立面、水平缝、垂直缝构造示意如图2-31~图2-33所示。

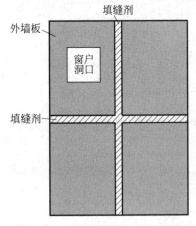

图2-31 密闭式接缝立面示意图

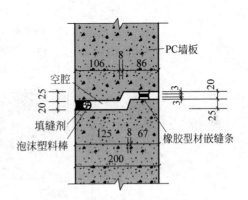

图2-32 密闭式接缝水平缝构造示意图

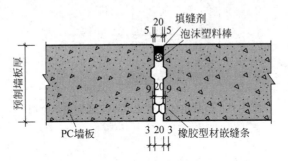

图2-33 预制外挂墙板垂直缝构造示意图

3. 单侧叠合外墙(PCF)水平缝、垂直缝防水构造

PCF系统由于预制部分的厚度比较薄,一般采用一道材料防水即可。单侧叠合外墙水平缝和垂直缝防水构造如图2-34所示。

4. 预制整体式剪力墙水平缝

预制整体式剪力墙水平缝的构造见图2-35。

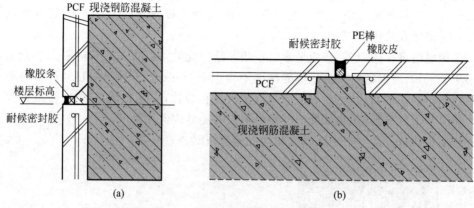

图 2-34　PCF 系统外墙防水构造示意图

（a）水平缝；（b）垂直缝

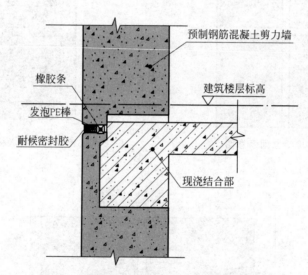

图 2-35　预制整体式剪力墙水平缝构造示意图

2.3　装配式混凝土结构深化设计要点

2.3.1　概述

装配式混凝土结构的深化设计（简称 PC 深化设计）是装配式混凝土结构设计的重要组成部分。深化设计是对构件生产和施工实施方案的补充和完善，有效地解决了生产和施工中方案设计与实际现场产生的诸多冲突，可保障方案设计的效果还原。

PC 深化设计应对建筑设计、结构设计、构件生产、吊装施工等整个建设过程提出科学合理的建议，如建筑和使用面积、建筑外立面设计、结构体系选择、预制构件重量和种类、预制装配率、工程造价及施工工期影响等。PC 深化设计与传统的现浇结构的建造方式相比，预制构件的制作成本较高，因此预制构件拆分设计中引入"标准化"理念是控制装配式混凝土结构建造成本的有效方法之一。装配式建筑标准化设计的基本原则就是要坚持"建筑、结构、机电、内装"一体化和"设计、加工、装配"一体化,就是从模数统一、模块协同,少规格、多组合,各专业一体化考虑,要实现平面标准化、立面标准化、构件标准化和部品部件标准化。平面标准化的组合实现各种功能的户型,立面标准化通过组合来实现多样化,构件标准化、部品部件的标准化需要满足平面、立面多样化的尺寸要求。

1. PC深化设计与建筑设计

PC深化设计应在建筑方案设计阶段介入,这样可以从装配式混凝土结构的视角对建筑方案给出建议,协助确定建筑平立面方案,如预制构件的拆分对于外立面、外饰面材料、建筑面积、容积率、保温形式等的影响(图2-36)。

(a)   (b)

图 2-36　预制构件对建筑设计的影响

(a) 预制构件拼缝对外立面的影响;(b) 不同装饰材料对外立面的影响

2. PC深化设计与结构设计

在满足结构安全的同时对结构设计提出建议,如暗柱位置、结构开洞、梁板布置、梁高、板厚、结构配筋等。

3. PC深化设计与各专业的协同设计

PC深化设计应与门窗、石材、面砖、遮阳、栏杆、地漏、保温、防雷、水电、暖通、精装等各专业沟通商定细部节点构造。

4. PC深化设计与构件生产的关系

1) PC深化设计与构件制作运输过程

PC深化设计应考虑预制构件的生产、堆放、运输等环节的可行性,如构件生产流程、预制构件材料、构件生产平台尺寸、构件脱模、构件起吊设备、构件运输和堆放条件等(图2-37)。

2) PC深化设计与构件生产成本

PC深化设计应充分考虑预制构件生产的经济性,如模具成本及重复使用率、构件补强措施、装车运能、人工消耗等。如图2-38所示为不同的预制构件加工模具。

(a)　　　　　　　　　　　　　(b)

图 2-37　构件运输和堆放

（a）构件运输；（b）构件堆放

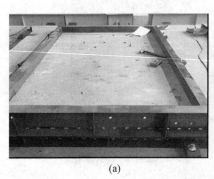

(a)　　　　　　　　(b)　　　　　　　　(c)

图 2-38　预制构件加工模具

（a）钢制模具；（b）铝制模具；（c）木制模具

3）PC 深化设计与预埋件

PC 深化设计应考虑预制构件中预埋件位置及合理性问题（图 2-39）。例如根据 PC 预制构件重量合理设计脱模点和起吊点，尽量统一预埋件规格型号，以及各吊点的金属件承担荷载等。与此同时需考虑预埋件加工采购的便利性。

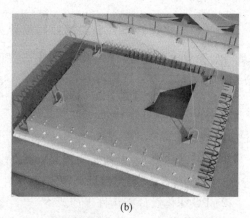

(a)　　　　　　　　　　　　　(b)

图 2-39　预制构件预埋深化设计

（a）构件预埋件施工；（b）构件拆脱模

4）PC深化设计与其他构配件

PC深化设计应考虑预制构件内窗框等的选型。例如：预埋窗框选型应避免蒸汽养护时变形等。

5. PC深化设计与吊装施工的关系

1）PC深化设计与总体施工方案

PC深化设计应考虑预制构件吊装施工的工序与便利性，其考虑因素包括：构件重量及类型、进场道路及临时堆场布置、构件吊装流程、校正与固定、钢筋绑扎、现浇混凝土支模、脚手架、塔式起重机选型、人货梯等，应充分考虑预制构件吊装的便利性和安全性。

2）PC深化设计与构件吊装

PC深化设计应考虑尽可能减少现场工人的操作难度，减少施工人员的随意性。通过事先设计的预制构件限位装置来控制定位，然后通过专用施工调节器具进行微调。限位装置和调节器具的操作在设计上应避免施工现场使用大型器械，尽量以人力操作为主，使用常用工具便可实现定位和调整。PC深化设计还应考虑预留外伸钢筋、斜撑杆、限位固定件等因素，尽量减少施工干涉。

2.3.2 PC深化设计的主要内容

1. PC深化设计的阶段划分

PC深化设计分为施工图（PC方案设计）和预制构件制作详图两阶段设计。

（1）施工图阶段，应完成装配式混凝土结构的平立剖面设计、结构构件的截面和配筋设计、节点连接构造设计、结构构件安装图等。施工图的内容和深度应满足施工安装的要求。

（2）预制构件制作详图应根据建筑、结构和设备各专业以及设计、制作和施工各环节的综合要求进行深化设计。协调各专业和各阶段所用预埋件，确定合理的制作和安装公差等，其内容和深度应满足构件加工的要求。PC深化设计图纸内容、用途及相关人员见表2-6。

表 2-6 PC深化设计图纸内容、用途及相关人员

项目	图纸内容	用　　途	相关人员
剪力墙结构深化设计图纸内容	图纸目录	图纸种类汇总及查看	构件厂生产人员
	总说明、平立剖面图	深化设计要求，反映PC构件位置、名称和重量与立面节点构造	构件厂生产人员、现场施工人员
	预制楼板装配图	构件在节点处相互关系的碰撞检查	现场施工人员
	楼梯装配图	施工现场安装用图	现场施工人员
	楼板预埋件分布图	施工现场预埋件定位	现场施工人员
	预制构件详图	构件厂生产PC用图纸，反映构件外形尺寸、配筋信息、埋件定位及数量等	构件厂生产人员
	公共详图	通用的PC细部详图	构件厂生产人员、现场施工人员
	索引详图	通过索引代号反映各部位的PC细部详图	构件厂生产人员、现场施工人员
	金属件加工图	工厂用和现场用的金属件生产	构件厂生产人员

项目	图纸内容	用　　途	相关人员
框架结构深化设计图纸内容	图纸目录	图纸种类汇总及查看	构件厂生产人员、现场施工人员
	总说明、平立剖面图	反映 PC 构件位置、名称和重量,以及立面节点构造	构件厂生产人员、现场施工人员
	预制构件拆分索引图	反映构件在平面上的位置关系及构件索引	构件厂生产人员、现场施工人员
	预制构件装配图	构件在节点处相互关系的碰撞检查图	现场施工人员
	构建节点图	反映构件节点细部构造	现场施工人员
	开模图	用于构件模具的制作	构件厂生产人员
	预埋件平面布置位置图	施工现场预埋件定位	现场施工人员
	预制构件图	构件厂生产 PC 用图纸,反映构件外形尺寸、配筋信息、埋件定位及数量等	构件厂生产人员
	预埋件详图	构件及现场施工所用预埋件的加工详图	构件厂生产人员、现场施工人员
	金属件加工图	工厂用和现场用的金属件生产	构件厂生产人员、现场施工人员

2. PC 深化设计流程

不同的结构体系其深化设计的内容有所不同,但深化设计的原则基本相同,为便于读者理解,这里以某框架结构为例给出 PC 深化设计的基本流程图(图 2-40)。

3. PC 深化设计质量控制要点

(1)装配式混凝土结构在建筑方案设计阶段应进行整体规划,协调建设、设计、施工、制作各方之间的关系,加强建筑、结构、设备、装修等各专业的配合。

(2)装配式混凝土结构的构件拆分应满足下列要求:

① 被拆分的预制构件应符合模数协调原则,优化预制构件的尺寸,减少预制构件的种类;

② 相关的连接接缝构造应简单,所形成的结构体系承载能力应安全可靠;

③ 被拆分的预制构件应与施工吊装能力相适应,并应便于施工安装,便于进行质量控制和验收。

(3)装配式混凝土结构的预制构件在制作前,PC 深化设计单位需对生产、施工单位进行技术交底,明确工程中预制构件的技术要求和质量验收标准。

(4)预制构件加工详图应由设计单位会签确认。装配式混凝土结构工程验收时,需提交工程设计单位确认的预制构件深化设计图及设计变更文件作为验收资料。

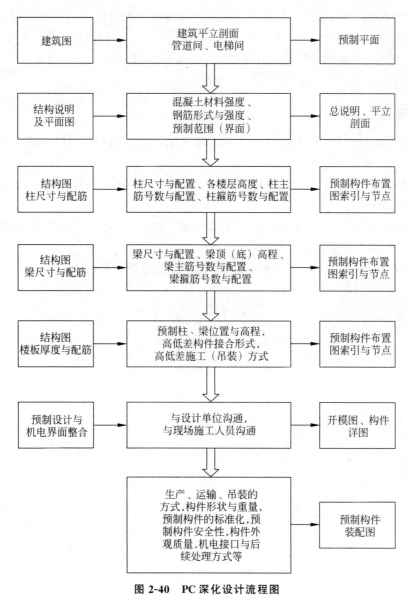

图 2-40　PC 深化设计流程图

本章小结

装配整体式混凝土结构可根据结构体系分为装配整体式框架结构、装配整体式剪力墙结构、预制叠合剪力墙结构、装配整体式框架-现浇剪力墙结构等。不同结构体系均采用预制混凝土构件进行建造，针对不同的结构体系可采用的预制构件有所不同，典型的预制构件如叠合梁、叠合楼板、预制柱、预制剪力墙、预制阳台、预制楼梯等。不同构件间连接节点关乎结构安全，应根据规范进行合理设计，保证节点的安全性。

装配式混凝土结构的设计从方案阶段就应该充分考虑建筑单元的标准化、预制混凝土构件的模数化和通用性，这对于工程的造价、工程各阶段的流程管理是至关重要的。相对于现浇混凝土结构的设计,装配式混凝土结构的设计增加了深化设计的环节。深化设计直接关联和影响到建筑方案、施工图设计、构件制作、现场施工等各阶段的工作。因此,将深化设计与装配式混凝土结构的设计分割开来的做法是非常不可取的。

复习思考题

2-1　简述装配整体式结构和全装配式混凝土结构的不同点。现阶段我国主要采用的装配式混凝土结构是上述哪种?

2-2　装配式混凝土结构主要有哪几种体系?简述每种体系的特点、适用的范围及相应预制构件的种类。

2-3　预制构件的节点连接构造主要有哪几类?对其中一种节点构造进行较为详细的阐述。

2-4　装配式混凝土结构的构件拆分通常需要满足哪些要求?

第 3 章

预制构件制作与储运

3.1 预制构件的种类

预制混凝土构件广泛应用于建筑工程、市政工程和景观工程中。建筑工程中的预制构件（图 3-1）包括预制墙、柱、梁、楼板、阳台板、楼梯等；市政工程中的预制构件包括市政检查井、地沟盖板；景观工程中的预制构件包括围墙、步道砖、路边石等。

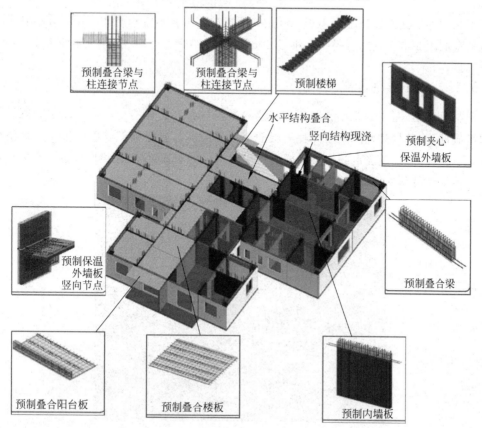

图 3-1　装配式建筑工程中的预制构件

3.1.1　预制柱

预制柱(图 3-2)可以根据实际使用需求设定为一层至多层不等的长度段,梁柱节点部位连接可以设置牛腿,也可以设置后浇节点。预制柱由普通混凝土浇筑成型,其混凝土强度不宜低于 C30。当结构采用预应力时,混凝土强度不宜低于 C40,不应低于 C30。

图 3-2　预制柱构件图

预制柱方形截面边长不宜小于 400mm,圆形截面直径不宜小于 450mm,且不宜小于同方向梁宽的 1.5 倍。钢筋直径不宜小于 20mm,间距不宜大于 200mm 且不应大于 400mm。

3.1.2　预制叠合梁

预制叠合梁(图 3-3)是由预制梁和现浇混凝土层叠合而成的复合梁。预制梁既是梁结构的组成部分,又是梁现浇钢筋混凝土层的永久性模板。叠合梁不仅可以等同于现浇受弯构件,还可节约传统现浇混凝土梁支模过程中对木材的消耗,仅需在梁底设置可重复使用的钢管脚手架作可靠支撑即可。

图 3-3　预制梁构件图

预制框架梁的后浇叠合层厚度不宜小于 150mm,次梁后浇叠合层厚度不宜小于 120mm。混凝土强度不宜低于 C30;预应力混凝土强度不宜低于 C40,不应低于 C30。

预制梁两端与现浇部分结合面设置剪力键,以增强叠合梁的整体抗剪性能;预制梁结合面做成凹凸差不小于 6mm 的粗糙面;预制梁高度=梁总高-楼板厚度。框架梁腰筋不承受扭矩时,可不伸入梁柱节点核心区。预制梁柱节点截面尺寸不满足梁纵筋直锚要求时,梁纵筋端部宜采用锚固板,或 90°弯锚连接。

3.1.3 预制叠合板

施工过程中,叠合楼板(图 3-4)不仅能作为建筑结构主体的一部分,还能作为建筑楼板现浇层的混凝土模板,从而大大减少混凝土现浇时所需要的模板。

图 3-4 预制板构件图

预制底板厚度不宜小于 60mm,常用厚度为 60mm、70mm、80mm。现浇层厚度不小于 60mm,后浇带宽度不宜小于 200mm,配有桁架筋,用于二次绑扎钢筋网片。叠合板中预留孔洞用于水暖立管安装,也可依据施工需要预留测量孔等。屋面和平面受力复杂的楼面,后浇层厚度不应小于 100mm;钢筋直径不宜小于 8mm,间距不宜大于 200mm。

预制板面做成凹凸差不小于 4mm 的粗糙面并在板内设置钢筋桁架,以提高新旧混凝土的结合能力。同时,钢筋桁架可以提高预制板的整体刚度和水平界面抗剪性能。

3.1.4 预制夹心保温外剪力墙

预制夹心保温外剪力墙(图 3-5)是由内外叶混凝土墙板、夹心保温层和连接件组成的预制混凝土外墙板。预制夹心保温外剪力墙是集建筑、结构、防水、保温、防火、装饰等多项功能于一体的装配式预制构件,通过局部现浇和灌浆套筒连接等连接技术,实现预制墙体的快速施工。

预制夹心保温外剪力墙厚度为 310mm,包括 60mm 厚外叶墙板、50mm 厚 XPS 保温层和 200mm 厚内叶墙板。内叶墙板厚度不宜小于 200mm,且应满足建筑施工图、结构施工图中的设计要求。外叶墙板设置上下防水企口。北方地区墙板内保温材料厚度以项目节能计算结果为准。

图 3-5　预制夹心保温外剪力墙

3.1.5　预制外挂板

预制外挂板(图 3-6)是由内外叶混凝土墙板、夹心保温层和连接件组成的预制混凝土外墙板。预制外挂板不作为承重构件,墙板与主体结构采用点支承方式连接,形成装配整体式住宅。

图 3-6　预制外挂板

预制夹心保温外挂板厚度为 160mm,包括 60mm 厚外叶墙板、50mm 厚 XPS 保温层和 50mm 厚内叶墙板。内、外叶墙板的厚度均不宜小于 50mm,保温材料的厚度不宜小于 30mm,且不宜大于 120mm;外墙板设置上下防水企口。

3.1.6　预制内墙

承重和非承重预制内墙(图 3-7)用于地上楼层分户墙或户内空间分隔墙体。

图 3-7　预制内墙

　　预制内墙的厚度一般为 100～200mm，由普通或轻质混凝土浇筑成型，配筋根据力学要求在工厂完成。部分项目内墙、隔墙也可采用预制轻质条板或陶粒混凝土墙板代替。

3.1.7　预制楼梯

　　预制楼梯(图 3-8)在工厂一次成型后，运输到施工现场进行安装。成品楼梯表面平整度和密实度较好，耐磨性能可以达到甚至超过现浇楼梯的要求，因此可以直接使用，从而避免了瓷砖饰面的维护以及维护后新旧砖面不一致的情况。成型后的楼梯可直接预留防滑槽线条和滴水线条，既能够满足功能需求，又对清水混凝土起到独特的装饰作用。

图 3-8　预制楼梯

　　全装配式楼梯梯段板，预制宽度与楼梯间宽度留出 20mm 的施工缝，便于楼梯安装；预制楼梯安装时，高端支承宜采用固定铰支座，低端支承宜采用滑动铰支座。

3.1.8　预制阳台板、预制空调板

预制阳台板、预制空调板(图 3-9)在工厂进行钢筋绑扎和浇筑,待养护达到强度后运输到施工现场进行安装。成品预制阳台板、预制空调板板底表面平整度好,预制层可以代替现场施工模板,且免去吊模安装,既能满足功能需求,又能满足混凝土结构成型质量要求。

图 3-9　预制阳台板、预制空调板

预制阳台板、预制空调板分为叠合板式和全预制式两种,预制厚度不宜小于 60mm,常用厚度为 60mm、70mm、80mm,混凝土强度等级为 C30,连接节点区混凝土强度等级与主体结构相同,且不低于 C30。通常封闭式阳台板结构标高比室内楼面结构标高低 20mm,开敞式阳台结构标高比室内楼面结构标高低 50mm。

3.2　预制构件材料要求

3.2.1　钢筋

预制混凝土构件受力钢筋宜采用屈服强度标准值为 300MPa、400MPa 和 500MPa 的热轧钢筋。预制混凝土构件所用钢筋进厂时,应抽取试件作屈服强度、抗拉强度、伸长率、弯曲性能和重量偏差检验,检验结果应符合现行国家标准《钢筋混凝土用钢　第 1 部分:热轧光圆钢筋》(GB/T 1499.1—2017)或《钢筋混凝土用钢　第 2 部分:热轧带肋钢筋》(GB/T 1499.2—2018)的相关规定。

预制混凝土构件用点焊钢筋网应符合《钢筋焊接网混凝土结构技术规程》(JGJ 114—2014)、《冷轧带肋钢筋混凝土结构技术规程》(JGJ 95—2011)的有关规定。预制混凝土构件用钢筋桁架应符合现行行业标准《钢筋混凝土用钢筋桁架》(YB/T 4262—2011)的要求。预制构件的吊环应采用未经冷加工的 HPB300 级钢筋制作。

3.2.2　混凝土

预制构件的混凝土强度等级不宜低于 C30;预应力混凝土预制构件的混凝土强度等级不宜低于 C40,且不应低于 C30;现浇混凝土的强度等级不应低于 C25。

混凝土外加剂品种和掺量应经实验室试配后确定,宜选用聚羧酸系高性能减水剂;混凝土外加剂进厂时,应对其品种、性能、出厂日期等进行检查,并应对外加剂的密度、固含量、pH、减水率、含气量等进行检验,检验结果应符合现行国家标准《混凝土外加剂》(GB 8076—2008)的有关规定。

3.2.3　填充保温材料

夹心外墙板接缝处填充用保温材料的燃烧性能应满足国家标准《建筑材料及制品燃烧性能分级》(GB 8624—2012)中的 A 级要求。

夹心外墙板中的保温材料,其导热系数不宜大于 $0.040\mathrm{W/(m \cdot K)}$,体积吸水率不宜大于 0.3%,燃烧性能不应低于国家标准《建筑材料及制品燃烧性能分级》(GB 8624—2012)中的 B2 级要求。

3.2.4　保温连接件

预制夹心外墙板连接件宜采用金属连接件(图 3-10)或纤维增强塑料(FRP)连接件(图 3-11)。当有可靠依据时,也可采用其他类型连接件。

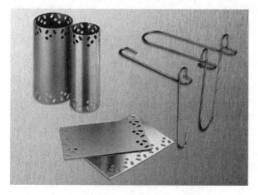
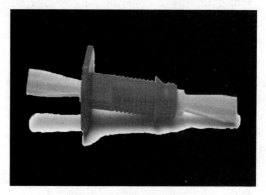

图 3-10　不锈钢保温连接件　　　　　　　图 3-11　纤维增强塑料连接件

连接件与混凝土的锚固力应符合设计要求,具有良好的变形能力并满足耐久性要求。连接件的密度、拉伸强度、拉伸弹性模量、断裂伸长率、热膨胀系数、耐碱性、防火性能、导热系数等应满足国家现行相关标准的规定。

3.2.5　密封胶

工程中常用的密封胶包括硅酮密封胶、聚氨酯密封胶、硅烷改性聚醚密封胶(MS 密封胶)、聚硫密封胶等(图 3-12、图 3-13)。建筑用密封胶应分别符合国家现行标准《硅酮和改性硅酮建筑密封胶》(GB/T 14683—2017)、《聚氨酯建筑密封胶》(JC/T 482—2022)、《聚硫建筑密封胶》(JC/T 483—2006)的规定(单组分、双组分)。密封胶应与混凝土具有相容性。

图 3-12　聚氨酯建筑密封胶

图 3-13　聚硫建筑密封胶

3.2.6　灌浆套筒

钢筋套筒灌浆连接接头由钢筋、灌浆套筒、灌浆料三种材料组成,其中灌浆套筒分为全灌浆套筒(图 3-14)和半灌浆套筒(图 3-15)。灌浆套筒应符合现行行业标准《钢筋连接用灌浆套筒》(JG/T 398—2019)和《钢筋套筒灌浆连接应用技术规程(2023 年版)》(JGJ 355—2015)的有关规定。

图 3-14　全灌浆套筒

图 3-15　半灌浆套筒

灌浆套筒进场时,应抽取灌浆套筒并采用与之匹配的灌浆料制作对中连接接头试件,并进行抗拉强度检验,检验结果应符合现行行业标准《钢筋套筒灌浆连接应用技术规程(2023 年版)》(JGJ 355—2015)的有关规定。

3.2.7　灌浆料

钢筋套筒灌浆连接用灌浆料应符合现行行业标准《钢筋套筒灌浆连接应用技术规程(2023 年版)》(JGJ 355—2015)和《钢筋连接用套筒灌浆料》(JG/T 408—2019)的有关规定,相关规定如表 3-1 所示。

表 3-1　灌浆料相关规定

项　　目	性能指标	试验方法标准
泌水率/%	0	《普通混凝土拌合物性能试验方法标准》(GB/T 50080—2016)

续表

项 目		性能指标	试验方法标准
流动度/mm	初始值	≥200	《水泥基灌浆材料应用技术规范》（GB/T 50448—2015）
	30min 保留值	≥150	
竖向膨胀率/%	3h	≥0.02	
	24h 与 3h 的膨胀率之差	0.02～0.5	
抗压强度/MPa	1d	≥35	
	3d	≥55	
	28d	≥85	

3.2.8 预埋件、螺栓、锚栓等配件

预制构件钢筋连接用预埋件、螺栓、锚栓和焊接材料应符合现行国家标准《混凝土结构设计规范》（GB 50010—2010,2015 版）、《钢结构设计标准》（GB 50017—2017）以及《钢筋焊接及验收规程》（JGJ 18—2012）等有关规定。图 3-16～图 3-20 为预制构件常用预埋件。

图 3-16 预埋起吊套筒

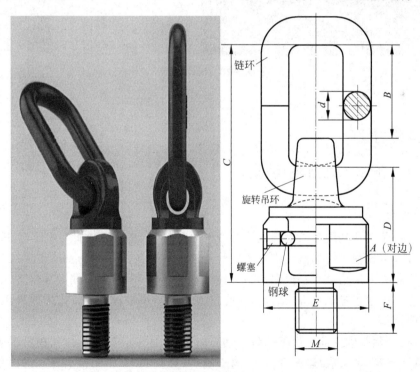

图 3-17 旋转吊环

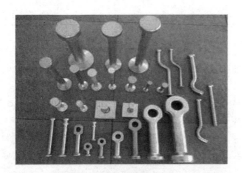

图 3-18 预埋吊钉

图 3-19 吊爪

图 3-20 预埋套筒

3.3 构件生产

3.3.1 预制工艺及场地选择

1. 预制工艺

工艺是指劳动者利用各类生产工具对各种原材料、半成品进行加工或处理,最终使之成为成品的方法与过程。使原料逐步发生形状及性能变化的工序称为基本工序或工艺工序,各工艺工序总称为工艺过程。根据预制构件类型的不同,需采取不同的预制工艺。预制工艺决定了生产场地布置及设备安装等,因此在场地选择和布置之前首先需明确预制工艺的各项细节问题。

一般而言,预制构件的生产工艺包括钢筋加工(冷加工、绑扎、焊接)、模具拼装、混凝土拌和、混凝土浇筑、密实成型(振动密实、离心脱水、真空脱水、压制密实等)、饰面材料铺设、养护工艺(常温养护、加热养护)等。

2. 场地选择

预制可分为施工现场预制及工厂化预制,应根据预制构件的类型、成型工艺、数量、现场条件等因素进行选择(表 3-2)。

表 3-2　施工现场预制与工厂化预制的适用性及选择依据

影响因素	施工现场预制	工厂化预制
构件类型	特殊类型的构件,工厂无法规模化生产、运距较远时	相对标准构件,能批量生产、适合流水线作业的构件
成型工艺	成型工艺较为简单	工艺复杂、设备投入大,如需高速离心成型、挤压成型、高压高温养护等
产品数量	产品数量不多,品种较多	产品需求量大,品种单一
生产条件	有在一定期限内可利用的土地,水、电配置到位,预制相关设备、设施合理,还需综合考虑经济、环境等因素	有相对固定的建厂条件、市场条件、完善的配套设备及水电配置

1) 施工现场预制

施工现场预制构件加工区域的选择通常根据加工产品的数量、品种、成型工艺、场地条件、加工规模等因素综合确定,一般为工地最后开发区域或工地附近。由加工规模可以计算出所需设备、原材料堆场、加工场地及成品堆放场地面积,在综合考虑配套设备、道路、办公等因素后可基本得出所需的场地面积。施工现场预制见图 3-21。

2) 工厂化预制

工厂化预制采用较先进的生产工艺,工厂机械化程度较高,从而使生产效率大大提高,产品成本大幅降低。当然,在工厂建设中要考虑工厂的生产规模、产品纲领和厂址选择等因素。工厂化预制见图 3-22。

图 3-21　施工现场预制

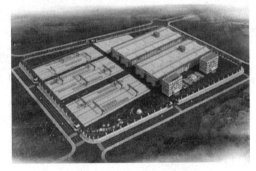

图 3-22　工厂化预制

生产规模指工厂的生产能力,是工厂每年可生产出的符合国家质量标准的制品数量(单位可以是立方米、延米、块等)。

产品纲领是指产品的品种、规格及数量。产品纲领主要取决于地区基本建设对各种制品的实际需要。在确定产品的纲领时,必须同时考虑对建厂地区原材料资源的合理利用,特别是工业废料的综合利用。

在确定厂址时必须妥善处理下述关系:①为了降低产品的运输费用,厂址宜靠近主要用户,缩小供应半径;②为了降低原料的运费,厂址宜靠近原料产地;③从降低产品加工费目的出发,以组织集中大型生产企业为宜,以便采用先进生产技术,降低附加费用,但这又必然使供应半径扩大,产品运输费用增加。正确处理以上关系,即可有效降低产品成本和工程造价。

3.3.2　场地布置

场地布置一般遵循总平面设计原则和车间工艺布置原则。

1. 总平面设计原则

总平面设计的任务是根据工厂的生产规模、组成和厂址的具体条件,对厂区平面进行总体布置,同时确定运输线路、地面及地下管道的相对位置,使整个厂区形成一个有机的整体,从而为工厂创造良好的生产和管理条件。总平面设计的原始资料包括以下几种:

(1) 工厂的组成;

(2) 各车间的性质及大小;

(3) 各车间之间的生产联系;

(4) 建厂地区的地形、地质、水文及气象条件;

(5) 建厂区域内可能与本厂有联系的现有及设计中的住宅区,工业企业,运输、动力、卫生、环境及其他线路网以及构筑物的资料;

(6) 厂区货流及人流的大小和方向。

2. 车间工艺布置原则

车间工艺布置是根据已确定的工艺流程和工艺设备,结合建筑、给排水、采暖通风、电气和自动控制系统并考虑到运输等的要求,利用设计图将生产设备在厂房内进行合理布置。通过车间工艺布置将对辅助设备和运输设备的某些参数(如容积、角度、长度等)、工业管道、生产场地的面积最终予以确定。

进行车间工艺布置时,应遵循以下原则:

(1) 保证车间工艺顺畅。避免原料和半成品的流水线交叉现象。缩短原料和半成品的运距,使车间布置紧凑。

(2) 保证各设备有足够的操作和检修场地,保证车间的通道面积。

(3) 应考虑有足够容量的原料、半成品、成品的料仓或堆场,与相邻工序的设备之间有良好的运输联系。

(4) 根据相应的安全技术和劳动保护要求,对车间内的某些设备或机组、机房进行间隔(如防噪声、防尘、防潮、防蚀、防震等)。

(5) 车间柱网、层高符合建筑模数制的要求。在进行车间工艺布置时,必须注意到两个方面的关系:一是主要工序与其他工序的关系;二是主导设备与辅助设备和运输设备的关系。设计时可根据已确认的工艺流程,按主导设备布置方法对各部分进行布置,然后以主要工序为中心将其他部分进行合理的搭接。在车间工艺布置图中,各设备一般均按示意图形式绘出,并标明工序间、设备间以及设备与车间建筑结构之间的关系尺寸。

3. PC 工厂场地布置范例

图 3-23 为 PC 工厂平面图范例。

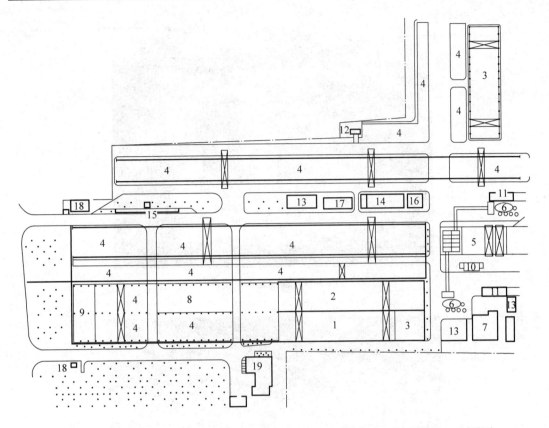

1—PC车间；2—管片车间；3—钢筋绑扎区域；4—成品堆场；5—骨料堆场；6—搅拌楼；7—锅炉房；
8—水养护池；9—发货区；10—空压机房；11—沉淀池；12—危险品库；13—仓库；14—休息室；
15—地磅；16—变电房；17—木工间；18—门卫室；19—办公楼。

图 3-23　PC 工厂平面图

3.3.3　生产方式

生产方式一般分为手工作业和流水线作业。手工作业方式随意性较大，无固定生产模式，无法适应预制构件标准化和高质量要求的生产需要，因此预制构件一般采用流水线生产方式。流水线生产工艺主要分为固定台座法和移动模台法（也称流水线）两种。

1. 固定台座法

固定台座法的特点是加工对象位置相对固定，而操作人员按不同工种依次在各工位上操作（图 3-24）。固定台座法对产品适应性强，加工工艺灵活，但生产效率较低，适用于生产数量少、产品规格较多且外形复杂的预制构件。

2. 移动模台法

移动模台法（图 3-25）是模具在生产线上循环流动，能够快速、高效地生产各类外形规则且简单的产品，同时也能制作耗时、复杂的产品。因为不同产品生产工序之间互不影响，故生产效率可明显提高。

图 3-24　固定台座法生产

图 3-25　移动模台法生产

　　移动模台法能够同步灵活地生产不同类型的产品,生产操作控制较为简单。因此,为满足装配式建筑产业的发展需求,无论从生产效率还是质量管理角度考虑,移动模台法都无疑是一种较为理想的预制构件生产方式。

　　例如,一条现代化的 PC 构件生产流水线,通常配置钢筋加工设备、预制楼板和预制墙板流水线生产设备、流水线中央控制室、混凝土制备搅拌站等主要设备。PC 构件生产流水线按循环作业方式由多道流线组成,包括移动模台流线、边模流线、钢筋流线、混凝土流线、信息和控制流线等。

3.3.4　质量管理

　　预制构件质量管理要求应符合现行国家标准《混凝土结构工程施工质量验收规范》(GB 50204—2015)以及现行地方标准《装配整体式住宅混凝土构件制作、施工及质量验收规程》(DG/T J08—2069—2010)的有关规定。

预制构件生产、模具制作、现场装配各流程和环节应有健全的质量保证体系。对预制构件应根据制作特点制定工艺规程,明确质量要求和质量控制要点。图 3-26 为某 PC 工厂质量管理体系示意图。

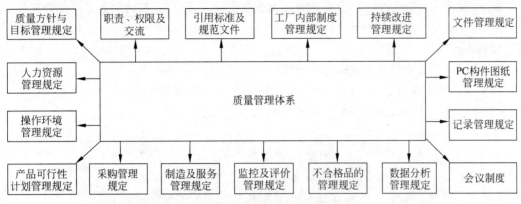

图 3-26 某 PC 工厂质量管理体系示意图

3.3.5 预制构件生产流程

预制构件生产工厂应具备满足预制构件质量要求的生产设备和质量管理体系。预制构件生产前应根据深化设计图纸编制生产加工制作图和生产计划,并得到工厂监理方的认可。预制构件制作方案的具体内容包括:生产计划及生产工艺,模具计划及模具安装,技术质量控制措施,成品存放、保护及运输等规定。

预制 PC 构件生产基本流程包括:模具清理、模具制作和拼装、钢筋加工及绑扎、钢筋骨架入模、预埋件及保温材料固定、混凝土浇捣与养护、脱模与起吊、存放及后期养护等(图 3-27)。

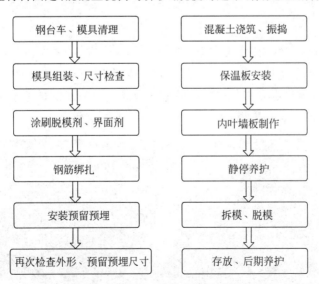

图 3-27 预制 PC 构件生产基本流程

1. 模具清理

(1) 模具应清理干净、无残留混凝土(图 3-28),并满足以下要求:

① 应保证与预制构件接触的模具表面无残留混凝土,以用手擦拭手上无浮灰为准。

② 应保证与预制构件粗糙面接触的模具表面有部分黏结牢固的混凝土,但厚度不应超过粗糙面深度。

③ 模板外露筋孔洞及工装模具应全部清理干净,无残留混凝土。

(2) 模具基准面的上下边沿必须清理干净,利于抹面时保证平整度要求。

(3) 模具底模应无残留混凝土,以用手擦拭手上无浮灰为准。

图 3-28 模具清理

2. 模具组装

(1) 模具系统(图 3-29)应组装、拆卸方便,且应便于钢筋安装、混凝土浇筑以及养护。组装前应先保证底模平整度。模具应采用移动式或固定式钢底模,侧模宜采用钢板或铝合金型材,也可根据具体要求采用其他材质模具。模具应具有足够的承载力、刚度和稳定性,保证在构件生产时能可靠承受浇筑混凝土的压力及工作荷载。

图 3-29 模具系统

（2）模具组装应按照拼装顺序进行，对于特殊构件和要求钢筋先入模后拼装的特殊构件模具，应严格按照图纸施工，保证侧模在允许误差范围内。模具固定磁盒间距应不大于800mm，模具组装净尺寸宜比构件尺寸小1～2mm。

（3）模具在设计阶段时，模具的连接部位螺栓孔应靠近底模一侧，连接部位在能够满足整体刚度的情况下采用直径小的螺栓，保证最边缘钢筋与螺栓不发生冲突。

3．涂刷脱模剂、界面剂（图3-30）

（1）必须采用水性脱模剂，且保证抹布（或海绵）及脱模剂干净无污染。

（2）脱模剂在模台初次使用时按1∶4配比，之后可按1∶8配比使用，其误差允许值为5%。

（3）界面剂均匀涂刷一次，待界面剂表面干燥后方可进行下道工序。

（4）涂刷脱模剂和界面剂完成后应在24h内冲洗。

（5）脱模剂需均匀涂抹在模具内腔，保证无堆积、流淌、漏涂等现象，严禁脱模剂涂刷到钢筋笼上。

图3-30 脱模剂、界面剂涂刷

4．钢筋绑扎（图3-31）

（1）绑扎或焊接钢筋骨架前应仔细核对钢筋料尺寸。

（2）钢筋骨架制作偏差应满足表3-3的要求。

表3-3 钢筋偏差要求

项 目		允许偏差/mm	检 验 方 法
绑扎钢筋网	长、宽	±10	钢尺检验
	网眼尺寸	±20	钢尺量连续三挡，取最大偏差值
绑扎钢筋骨架	长	±10	钢尺检验
	宽、高	±5	钢尺检验

续表

项 目			允许偏差/mm	检 验 方 法
受力钢筋	间距		±10	钢尺量两端、中间各一点,取最大偏差值
	排距		±5	
	保护层	柱、梁	±5	钢尺检验
		楼板、外墙板、楼梯阳台板	±3	钢尺检验
绑扎钢筋、横向钢筋间距			±20	钢尺量连续三挡,取最大偏差值
箍筋间距			±20	钢尺量连续三挡,取最大偏差值
钢筋弯起点位置			±120	钢尺检验

（3）剪力墙连梁及框架梁绑扎时必须保证所有箍筋及纵筋的保护层厚度,严格保证外露纵筋、箍筋的尺寸,保证箍筋与纵向钢筋的间距。

① 将连梁、框架梁的下部纵向钢筋、上部纵向钢筋依次穿过连梁、框架梁的开口箍筋。

② 连梁、框架梁的梁端与暗柱交接处的锚固长度要符合设计要求。

（4）剪力墙暗柱钢筋绑扎时必须保证所有箍筋及纵筋保护层厚度,严格保证外露箍筋的尺寸,保证箍筋与纵向钢筋间距。箍筋与纵向钢筋要垂直,箍筋与纵向交叉点位置均要绑扎。箍筋转角处与柱主筋采用兜扣绑扎,其余采用八字扣绑扎。绑丝接头伸向柱中,箍筋135°弯钩水平平直部分满足 $10d$ 要求。最后绑扎拉筋,拉筋应勾住主筋。箍筋弯钩叠合处沿柱子竖筋交错布置,并绑扎牢固。暗柱底部箍筋与主筋绑扎间距按要求加密。绑扎时应将主筋调垂直,塑料卡环垫块间距为每平方米 4 个,梅花形布置。

（5）所有预制构件吊环埋入混凝土的深度不应小于 $30d$,构件吊装用内埋式螺母,应根据相应的产品标准和应用技术规定选用。

① 吊钩部分与构件钢筋骨架可靠连接形成整体。

② 具体技术要求可参见设计图纸。

图 3-31 钢筋绑扎

5. 安装预留预埋（图 3-32）

（1）所有预埋件不允许倾斜,上口需封堵严实,以免进浆。

（2）安装埋件过程中,严禁私自弯曲、切断或更改已经绑扎好的钢筋笼。

（3）混凝土浇筑前，应逐项对模具、垫块、外装饰材料、支架、钢筋、连接套管、连接件、预埋件、吊具、预留孔洞等进行检查验收，并做好隐蔽工程记录。

（4）固定在模板上的连接套管、连接件、预埋件、预留孔洞位置的偏差应符合相关规定。

图 3-32　预埋安装

6. 再次检查外模、预留预埋尺寸

（1）对照图纸检查外模尺寸（图 3-33），包括长度、宽度、对角线长。

（2）检查外挡边模是否有变形（弯曲度小于 3mm），外挡边模与台车黏合处缝隙应小于 2mm。

（3）对照图纸检查内模尺寸，包括长度、宽度、对角线长、与外模的相对位置尺寸。

（4）检查内挡边模是否有变形（弯曲度小于 3mm）、与底模的垂直度。内挡边模与台车黏合处缝隙应小于 2mm。

（5）根据图纸对吊钉的型号和数量进行确认，用卷尺对位置尺寸进行确认。

（6）检查吊钉是否安装到位，且安装方向正确（小端头置入波胶球内）。

（7）根据图纸对定位销轴与套筒的型号和数量进行确认，用卷尺对位置尺寸进行确认。内挡和外挡边模有安装套筒时，对其数量和位置尺寸进行确认。

图 3-33　尺寸及外形检查

7. 混凝土浇筑及振捣（图 3-34）

（1）混凝土坍落度应控制在 120mm 以内。

（2）混凝土搅拌的最短时间不少于 90s。

（3）混凝土拌合物从搅拌机卸出至施工现场的时间间隔不宜大于 20min。

（4）混凝土浇筑应均匀连续进行，投料高度不宜大于 500mm。

（5）夏季施工时，混凝土拌合物入模温度不应高于 35℃；冬季施工时，混凝土拌合物入模温度不应低于 5℃。

（6）振捣时间控制在 30s 左右，当混凝土拌合物表面出现泛浆，基本无气泡溢出时，可视为捣实。

（7）混凝土拌合物在运输和浇筑成型过程中严禁加水。

图 3-34　混凝土浇筑及振捣

8. 保温板安装（图 3-35）

（1）构件宜采用水平浇筑成型工艺。

（2）带夹心保温材料的构件，底层混凝土强度达到 1.2MPa 以上时方可进行保温材料敷设。禁止在铺装保温板过程中人为踩踏挤塑板。

图 3-35　保温板安装

（3）保证在混凝土初凝前铺装完保温材料,使保温材料与混凝土粘贴牢固,避免出现冷桥现象。保证外露部分的挤塑板拼装严实、无缝隙,且所有挤塑板拼接缝均用胶带封严。非外露部分的挤塑板有缝隙的地方,当缝隙≤3mm时,应使用胶带封严;当缝隙＞3mm时,应先使用挤塑板条塞严,再使用胶带封严。

（4）根据图纸要求布置保温连接件,连接件穿过保温材料处应填补密实。

（5）不同材质、结构形式的连接件安装时参照相应连接件设计厂家的技术要求操作。

9. 内叶墙制作（图 3-36）

（1）内叶墙模板与外叶墙模板和侧板之间通过螺栓进行可靠连接,保证模具整体性。

（2）合理布置垫块,保证外叶墙钢筋网片的保护层厚度。

（3）墙板窗口角部需要加设角部加强筋。

（4）内墙混凝土浇筑及振捣要保证混凝土浇筑厚度,保证构件尺寸。

图 3-36 内叶墙制作

10. 静停养护（图 3-37）

（1）内叶墙板混凝土浇筑完成进行静停后应在表面覆盖塑料薄膜,静停时间不少于 2h。

（2）外墙板宜采用蒸汽养护方式。外墙板蒸汽养护应严格控制升降温速率及最高温度,养护过程分为升温、恒温和降温三个养护阶段。养护过程应符合下列规定:

① 蒸汽养护前,采用薄膜覆盖或加湿等措施防止叠合板表面干燥;

② 升温速率应为 10～20℃/h,降温速率不宜大于 10℃/h;

③ 外墙板养护最高温度为 60℃,持续养护时间不应少于 4h;

④ 外墙板脱模后,当混凝土表面和环境温差较大时,应立即覆膜养护。

（3）养护时应同时注意湿度和温度,原则是湿度要充分,温度应适宜,按规定的时间周期检查养护系统,测试养护窑内温度、湿度,并做好检查。

图 3-37　静停养护

11. 拆模、脱模（图 3-38）

（1）同条件试块或回弹强度要满足混凝土强度不小于 20MPa，方可撤除养护措施并且拆模。

（2）冬季施工的混凝土，要求混凝土表面温度与外界温度相差不大于 20℃时拆模。

（3）构件拆模应严格按照顺序进行，严禁暴力拆模，避免造成构件损坏。

（4）外墙板脱模起吊时，应根据设计要求或具体生产条件确定所需的混凝土标准立方体抗压强度，同条件试块或回弹强度应不小于 20MPa。

（5）外墙板脱模时应仔细检查确认构件与模具之间的连接部分完全拆除后方可起吊。外墙板起吊应保证吊点全部利用并且同时受力，起吊应平稳。

图 3-38　拆模、脱模

12. 存放、后期养护（图 3-39）

（1）构件的存放场地宜为混凝土硬化地面或经人工处理的自然地坪，满足平整度和地基承载力要求，并应有排水措施。构件应按型号、出厂日期分别存放。

（2）构件应按吊装、存放的受力特征选择卡具、索具、托架等吊装和固定措施，并应符合下列要求：

① 在存放过程中预制混凝土构件与刚性搁置点之间应设置柔性垫片，预埋吊环宜向

上,标识向外。

　　② 外墙板宜采用托架立放,上部两点支撑。支撑点宜为通长的柔性材料,垫在平吊吊点处。对于有门窗洞口的构件,柔性材料宜穿过门窗洞口,同时对于门字形构件采用钢梁紧固,避免构件挠曲。

　　(3) 养护过程中要做好定期的现场检查、巡视工作,及时发现养护窑内自然条件的变化。

图 3-39　构件存放与养护

3.4　构件质量通病产生的原因及防治

3.4.1　构件表面缺陷

1. 露筋(图 3-40)

1) 产生原因

(1) 浇筑混凝土时,钢筋保护层垫块发生移位,或垫块太少,漏放或被压碎均有可能导致露筋。

(2) 钢筋混凝土构件截面小,钢筋过密,石子卡在钢筋上,使水泥砂浆不能充满钢筋周围,造成露筋。

(3) 混凝土配合比不当,产生离析,靠模板部位缺浆或模板漏浆。

(4) 混凝土保护层太薄,或保护层处混凝土漏振或振捣不实,或振动棒撞击钢筋或踩踏钢筋,使钢筋位移,造成露筋。

　　2) 预防措施

(1) 浇筑混凝土前,应保证钢筋位置和保护层厚度正确,并加强检查和修正,可采用专用塑料或混凝土垫块。

(2) 钢筋密集时,应选用适当粒径的石子,保证

图 3-40　露筋

混凝土配合比正确和良好的和易性。

（3）浇筑高度超过1m,应用溜槽进行下料,以防止离析。

（4）模板应充分湿润,并认真堵好缝隙。

（5）混凝土振捣严禁撞击钢筋,以防止钢筋移位,在钢筋密集处可采用刀片或振动棒进行振捣。

（6）操作时避免踩踏钢筋,如有踩弯或脱扣等应及时调直修正。

（7）保护层混凝土要振捣密实,正确掌握脱模时间,防止过早拆模而碰坏棱角。

3）处理方法

（1）表面露筋:刷洗干净后,在表面抹1:2或1:2.5的水泥砂浆,将露筋部位抹平。

（2）较深露筋:凿去薄弱混凝土和突出颗粒,洗刷干净后,用比原来高一等级标号的细石混凝土填塞压实,并认真养护。

2. 蜂窝（图3-41）

1）产生原因

（1）混凝土配合比不当或砂、石子、水泥材料加水量计量不准,造成砂浆少、石子多。

（2）混凝土搅拌时间不够,未拌和均匀,和易性差,振捣不密实。

（3）未按操作规程浇筑混凝土,下料不当,未设溜槽造成石子与砂浆离析,或混凝土振捣不实,或漏振,或振捣时间不够。

（4）模板缝隙未堵严,水泥浆流失。

（5）钢筋较密,使用的石子粒径过大或坍落度过小。

2）预防措施

（1）严格控制混凝土的配合比,按规定时间或批次检查,做到计量准确。

（2）混凝土拌和均匀,坍落度符合设计要求。

（3）混凝土下料高度超过1m应设溜槽,浇灌应分层下料,分层振捣,防止漏振。

（4）模板缝隙应堵塞严密,浇筑时应随时检查模板支撑情况,防止滑浆。

3）处理方法

（1）小蜂窝:洗刷干净后,用1:2或1:2.5的水泥砂浆抹平压实。

（2）较大蜂窝:将松动石子和突出颗粒剔除,刷洗干净后,用高一等级标号细石混凝土仔细填塞捣实,加强养护。

图3-41　蜂窝

（3）较深蜂窝：如清除困难,可埋压浆管及排气管、表面抹砂浆或浇筑混凝土封闭后,进行水泥压浆处理。

3. 麻面（图 3-42）

1）产生原因

（1）模板表面粗糙或清理不干净,粘有半硬水泥砂浆等杂物,拆模时混凝土表面被粘损,出现麻面。

（2）模板在浇筑混凝土前没有浇水湿润或湿润不够,浇筑混凝土时,与模板接触部分的混凝土中水分被模板吸去,致使混凝土表面失水过多,出现麻面。

（3）模板脱模剂涂刷不均匀或局部漏刷,拆模时混凝土表面黏结模板,引起麻面。

（4）模板接缝拼装不严密,浇捣混凝土时缝隙漏浆使混凝土表面沿模板缝位置出现麻面。

（5）混凝土振捣不密实,混凝土中的气泡未排出,部分气泡停留在模板表面成麻点。

2）预防措施

（1）将模板清理干净,不得粘有干硬水泥等杂物。

（2）模板要均匀涂刷隔离剂,不得漏刷。

（3）混凝土必须分层均匀振捣密实,严防漏振；每层混凝土应振捣至气泡排出为止。

3）处理方法

（1）结构表面作粉刷的,可不处理。

（2）表面无粉刷的,应在麻面部位浇水充分湿润后,用 1：2 的水泥砂浆抹平压光。

图 3-42　麻面

4. 空洞（图 3-43）

1）产生原因

由于混凝土掏空,砂浆严重分离,石子成堆,砂子和水泥分离而产生。此外,混凝土受冻、泥块杂物掺入等都会形成空洞。

2）预防措施

（1）在钢筋密集处及复杂部位采用细石混凝土浇筑,使混凝土充满模板,并认真分层振捣密实。

（2）预留孔洞应在两侧同时下料，侧面加开浇注口。

（3）采用正确的振捣方法，防止漏振。

（4）若砂石中混有黏土块，模板工具等杂物掉入混凝土内，应及时清除干净。

3）处理方法

（1）对混凝土孔洞的处理，通常要经有关单位共同研究，制定修补方案，经批准后方可处理。

（2）一般将孔洞周围的松散混凝土和软弱浆膜凿除，用压力水冲洗。支设带托盒的模板，洒水充分湿润后，用高强度等级的细石混凝土仔细浇筑捣实。

（3）对现浇混凝土梁柱的孔洞，可在梁底用支撑支牢，将孔洞处不密实的混凝土和突出的石子凿除，然后用比原混凝土标号高一等级的细石混凝土浇筑。

5. 缺棱掉角（图 3-44）

1）产生原因

（1）混凝土浇筑前模板未充分湿润，造成棱角处混凝土中水分被模板吸去，水化不充分，强度降低，拆模时棱角损坏。

（2）常温施工时，拆模过早或拆模后保护不当造成棱角损坏。

2）预防措施

拆模时混凝土应达到足够的强度，勿用力过猛，避免表面和棱角破坏。

3）处理方法

（1）缺棱掉角较小时，可将该处用钢丝刷刷净，清水冲洗，保证充分湿润后，用 1∶2 或 1∶2.5 的水泥砂浆抹补修正。

（2）掉角较大时，将松动石子和突出颗粒剔除，刷洗干净后支模，用高一等级标号细石混凝土仔细填塞振捣，加强养护。

图 3-43　空洞

图 3-44　缺棱掉角

6. 色差（图 3-45）

1）产生原因

不同批次的原料甚至不同锅料均有可能导致色差。当振动时间与振动部位深度有差别时也会造成一定程度的色差。

2）预防措施

对构件表面颜色均匀度有一定要求时,应尽可能确保混凝土原料为同一批次,最好计算好方量,确保一模一锅,避免材料的浪费及不同锅料导致的色差。尽量由固定操作人员进行均匀振捣,避免出现部分过振部分欠振的现象。

3）处理方法

若构件需做饰面或粉刷处理,则色差可忽视,否则需用水泥浆或同色颜料均匀涂刷表面后晾干。色差严重无法修饰的构件作不合格品处理。

7. 饰面损伤（图 3-46）

1）产生原因

混凝土浇筑前饰面部件未充分固定,造成饰面部件移动;混凝土浇筑时振动棒影响饰面部件,造成饰面部件损坏。

2）预防措施

饰面部件应稳定牢固,拼接严密,无松动;尺寸应符合要求,并应检查、核对,以防止浇筑过程中发生位移。混凝土浇筑时切勿使振动棒直接接触饰面层,以免造成饰面部件损坏。

3）处理方法

饰面损伤部位较小时,可将该处刷净后用专用抹补材料修正;损伤部位较大时,将损坏饰面部件剔除并更换,加强新饰面部件的养护。

图 3-45　色差

图 3-46　饰面损伤

3.4.2　构件尺寸位置偏差

1. 位移

1）现象

中心线对定位轴线的位移以及预埋件等的位移超过允许偏差值。

2）产生原因

（1）模板支撑不牢固，混凝土振捣时产生位移；放线误差大，没有认真校正和核对，或没有及时调整，导致积累误差过大。

（2）门洞口模板及预埋件固定不牢靠，混凝土浇筑、振捣方法不当，造成门洞口和预埋件产生较大位移。

3）预防措施

（1）模板应稳定牢固，拼接严密，无松动；螺栓紧固可靠、尺寸应符合要求，并应检查、核对，以防止施工过程中发生位移。

（2）位置线要准确，要及时调整误差，并及时检查、核对，保证施工误差不超过允许偏差值。

（3）模板及各种预埋件位置和标高应符合设计要求，做到位置准确，固定牢固。检查合格后方能浇筑混凝土。

（4）防止混凝土浇筑时冲击入料口模板和预埋件，入料口两侧混凝土必须均匀进行浇筑和振捣。

（5）振捣混凝土时不得振动钢筋、模板及预埋件，以免模板变形或预埋件位移或脱落。

4）处理方法

（1）偏差值不影响结构施工质量要求时，可不进行处理。如只需进行少量局部剔凿和修补处理时，应适时整修。用1∶1∶2（普通硅酸盐白水泥∶粉煤灰∶普通硅酸盐水泥）混合水泥砂浆掺入适量专用建筑胶修补，修补颜色须与原混凝土颜色保持一致。

（2）偏差值影响结构安全要求时，应按相关程序确定处理方案后再处理。

2．板面不平整

1）现象

混凝土的厚度不均匀，表面不平整。

2）产生原因

振捣方式和表面处理不当，以及模板变形或模板支撑不牢。另外，混凝土未达到一定强度就上人操作或运料，使板面出现凹坑和印迹。

3）预防措施

（1）浇筑混凝土板应采用平板式振动器振捣，其有效振动深度为200～300mm，相邻两段之间应搭接振捣30～50mm。

（2）混凝土浇筑后12h以内应进行覆盖浇水养护（如气温低于5℃不得浇水）。

（3）混凝土模板应有足够的强度、刚度和稳定性。

（4）在浇筑混凝土过程中要注意观察模板和支撑，如有变形应立即停止浇筑，并在混凝土凝结前修整加固好。

3．变形

1）现象

构件竖向变形和表面平整度超过允许偏差值。

2）产生原因

模板的安装和支撑不好，模板本身的强度和刚度不够。此外，混凝土浇筑时不按操作规程进行也会造成跑模或较大的变形。

3）预防措施

支架的支撑部分和大型竖向模板必须安装坚实。混凝土浇筑前应仔细检查模板尺寸和位置是否正确,支撑是否牢靠。浇筑时,应由外向内对称顺序进行,不得由一端向另一端推进,防止构件模板倾斜。浇筑混凝土应按要求进行。

4）处理方法

竖向偏差、表面平整度超过允许值较小,不影响结构工程质量时,可以通过后续施工补救。竖向偏差值超过允许值较多,影响结构工程质量要求时,应在拆模检查后根据具体情况把偏差值较大的混凝土剔除,返工重做。

3.4.3 构件内部缺陷

1. 混凝土强度不足

当同一批混凝土试块的抗压强度平均值低于设计要求的强度等级,3 个试件中最大或最小的强度值与中间值相比超过 15% 时,即为强度不足。

1）产生原因

（1）混凝土原材料问题:水泥过期或受潮结块,活性降低;砂、石骨料级配不好,空隙大,含泥量大,杂物多;外加剂使用不当、掺量不准等原因造成混凝土强度不足。

（2）配合比设计问题:未用实验室规定的配合比,随意套用混凝土配合比;计量工具陈旧或维修管理不好,精度不合格;砂、石、水泥不认真过磅,计量不准确等都有可能导致混凝土强度不足。

（3）搅拌操作问题:施工中随意加水,使水灰比增大;配合比以重量折合体积比,造成配合比称料不准;混凝土加料顺序颠倒,搅拌时间不够,拌和不匀,以上均能导致混凝土强度的降低。

（4）浇捣问题:主要是施工中振捣不实,及发现混凝土有离析现象时,未能及时采取有效措施来纠正。

（5）养护问题:养护管理不善,或养护条件不符合要求,在同条件养护时,早期脱水或外力破坏;冬季施工,拆模过早或早期受冻,以上均能造成混凝土强度降低。

2）预防措施

（1）水泥应有出厂合格证,并对其品种、等级、包装、出厂日期等进行检查验收,过期水泥经试验合格方可使用。

（2）砂及石子粒径、级配、含泥量等应符合要求,严格控制混凝土配合比,保证计量准确。

（3）混凝土应按顺序拌制,保证搅拌时间和搅拌均匀。

（4）防止混凝土早期受冻,冬季施工用普通水泥配制的混凝土在遭受冻结前,应达到设计强度的 30% 以上。

（5）按要求认真制作混凝土试块,并加强对试块的养护。

3）处理方法

（1）可用非破坏检验方法(如回弹仪法、超声波法等)测定混凝土的实际强度。

（2）当混凝土强度偏低,不能满足要求时,可按实际强度校核结构的安全性,研究处理方案,采用相应的加固或补强措施。

2. 预埋部件位移

1)产生原因

(1)预埋件固定不牢靠,混凝土振捣时产生位移。

(2)混凝土振捣不当,造成门洞口和预埋件产生较大位移。

2)预防措施

(1)预埋件固定要牢靠,以控制模板在混凝土浇筑时不致产生较大水平位移。

(2)预埋件位置线要准确,要及时调整误差,并及时检查、核对。

(3)防止混凝土浇筑时冲击门洞口预埋件,门洞口两侧混凝土必须均匀进行浇筑和振捣。

(4)振捣混凝土时不得振动钢筋、模板及预埋件,以免预埋件位移或脱落。

3)处理方法

(1)位移值不影响结构施工质量可不进行处理。

(2)位移值影响结构安全要求时,应按相关程序确定处理方案后再处理。

3. 钢筋锈蚀

当混凝土的保护层被破坏或混凝土的保护层性能不良时,钢筋会发生锈蚀,铁锈膨胀会引起混凝土开裂。

1)产生原因

(1)钢筋混凝土保护层严重不足,或在施工时形成的表面缺陷如掉角、露筋、蜂窝、孔洞、裂缝等没有处理或处理不当,在外界条件作用下使钢筋锈蚀。

(2)混凝土内掺入了过量的氯盐外加剂,造成钢筋锈蚀,导致混凝土沿钢筋位置产生裂缝,锈蚀的发展使混凝土剥落而露筋。

2)预防措施

(1)混凝土表面缺陷应及时进行修补,并应保证修补质量。

(2)不宜采用蒸汽加热养护。

(3)混凝土裂缝可用环氧树脂灌注。

3)处理方法

对锈蚀钢筋应彻底清除铁锈,凿除不良混凝土,用清水冲洗,再用比原混凝土高一等级标号的细石混凝土浇捣,并养护。

3.5 预制构件的运输与存放

3.5.1 预制构件运输

1. 场内驳运

预制构件的场内运输应符合下列规定:

(1)应根据构件尺寸及重量要求选择运输车辆,装卸及运输过程应考虑车体平衡。

（2）运输过程中应采取防止构件移动或倾覆的可靠固定措施。

（3）运输竖向薄壁构件时宜设置临时支架。

（4）构件边角部及构件与支撑接触处，宜采用柔性垫衬加以保护。

（5）预制柱、梁、叠合楼板、阳台板、楼梯、空调板宜采用平放运输，预制墙板宜采用竖直立放运输。

（6）现场运输道路应平整，并应满足承载力要求。

2. 运输路线的选择

（1）应确定运输车辆的进入及退出路线。

（2）运输车辆必须停放在指定地点，按指定路线行驶。

（3）应根据运输内容确定运输路线，事先得到各有关部门的许可。

（4）运输应遵守有关交通法规及以下内容：

① 出发前对车辆及箱体进行检查；

② 驾照、送货单、安全帽配备齐全；

③ 根据运输计划严守运行路线；

④ 严禁超速，避免急刹车；

⑤ 工地周边停车必须停放指定地点；

⑥ 工地及指定地点内车辆要熄火、刹车、固定，防止溜车；

⑦ 遵守交通法规及工厂内其他规定。

3. 装卸设备与运输车辆

1) 构件装卸设备（图 3-47）

由于使用功能及受力要求不同，构件的尺寸大小也不尽相同。过大、过宽、过重的构件采用多点起吊方式。横吊梁可分解、均衡吊车两点起点问题。单件构件吊具的吊点设置在构件重心位置，可保证吊钩竖直受力和构件平稳。吊具应根据计算选用，取最大单体构件重量，即不利状况的荷载作用下预埋件与吊具仍可保证安全使用。构件预埋吊点形式多样，有吊钩、吊环、可拆卸埋置式以及型钢等形式，吊点可按构件具体情况选用。

图 3-47　构件装卸设备——行车

2）构件运输车辆

重型、中型载货汽车，半挂车载物，高度从地面起不得超过 4m，载运集装箱的车辆不得超过 4.2m。构件竖放运输时，可选用低平板车，以使构件上限高度低于限高高度。

4. 运输放置方式

为了防止运输中构件发生裂缝、破损和变形等，选择运输车辆和运输台架时要注意以下事项：

（1）选择适合构件运输的运输车辆和运输台架。

（2）装车和卸货时要小心谨慎。

（3）运输台架和车斗之间要放置缓冲材料。长距离或者海上运输时，需对构件进行包框处理，防止造成边角的缺损。

（4）运输过程中为了防止构件发生摇晃或移动，要用钢丝或夹具对构件进行充分固定。

（5）要走运输计划中规定的道路，并在运输过程中安全驾驶，防止超速或急刹车现象。

横向装车（图 3-48）时，要采取措施防止构件中途散落。竖向装车（图 3-49）时，要事先确认所经路径的高度限制。此外，还应采取措施防止运输过程中构件倒塌。

图 3-48　构件横向装车

图 3-49　构件竖向装车

选择构件装车方式的原则如下：

（1）柱构件运输与储存时相同，采用横向装车方式或竖向装车方式。

（2）梁构件通常采用横向装车方式，也要采取措施防止运输过程中构件散落。要根据构件配筋决定台木的放置位置。防止构件运输过程中产生裂缝。

（3）墙和楼面板构件在运输时，一般采用竖向装车方式或横向装车方式。墙和楼面板构件采用横向装车方式时要注意台木的位置，还要采取措施防止构件出现裂缝、破损等现象。

（4）其他构件包括楼梯构件、阳台构件和各种半预制构件等，因为各种构件的形状和配筋各不相同，所以要分别考虑不同的装车方式。选择装车方式时要注意运输中的安全，根据断面和配筋方式采取不同的措施防止出现裂缝等现象，还需要考虑搬运到现场之后的施工性能等。

5. 装车状况检查

操作要点如下：

（1）依照要求进行装车。

（2）根据工厂制作的产品，现场安装的施工顺序，构件的形状、数量，装卸时的机械能力以及道路状况、交通规则等来确定使用车辆。

（3）装车时要避免构件扭曲、损伤。

（4）垫块（支撑点）上应放置垫片，并保持清洁。

（5）装车要考虑运输时外力影响，防止货物倾塌。

（6）装车应尽量采用便于现场卸货的方法。

（7）装车完毕后，按表 3-4 进行最终检查确认。

（8）车辆在行驶过程中要平稳。

表 3-4　装车确认表

检查项目	判定标准	检查项目	判定标准
产品的外观	没有破损	固定方法	放入的预制构件位置稳定
垫块位置	放在指定位置	密封条	粘贴部位无脱胶或者破损

3.5.2　预制构件存放

1. 注意事项

预制构件的存放要防止外力造成倾倒或落下，注意事项如下：

（1）不要进行急剧干燥，以防止影响混凝土强度的增长。

（2）采取保护措施保证构件不会发生变形。

（3）做好成品保护工作，防止构件被污染及外观受损。

（4）成品应按合格、待修和不合格分类堆放，并标识工程名称、构件符号、生产日期、检查合格标志等。

（5）堆放构件时应使构件与地面之间留有空隙，堆垛之间宜设置通道。必要时应设置防止构件倾覆的支撑架。

（6）预制构件堆放应避免与地面直接接触，须放在木头或软性材料上（如塑料垫片），堆放构件的支垫应坚实。

（7）连接止水条、高低口、墙体转角等薄弱部位，应采用定型保护垫块或专用式套件作加强保护。

（8）预制构件重叠堆放时，每层构件间的垫木或垫块应在同一垂直线上。

（9）预制外挂墙板宜采用插放或靠放方式，堆放架应有足够的刚度，并应支垫稳固；立放的构件宜对称靠放，并与地面倾斜角度宜大于 80°；宜将相邻堆放架连成整体。

（10）预制构件的堆放应使预埋吊件向上，标志向外；垫木或垫块在构件下的位置宜与脱模、吊装时的起吊位置一致。

（11）应根据构件自身荷载，地坪、垫木或垫块的承载能力及堆垛的稳定性确定堆垛层数。

（12）储存时间很长时，要对结合用金属配件和钢筋等进行防锈处理。

2. 堆放场地

堆放场地应为钢筋混凝土地坪,并应有排水措施。

(1) 预制构件的堆放要符合吊装位置的要求,要事先规划好不同区位构件的堆放地点。尽量放置在能吊装区域,避免吊车移位,造成工期的耽误。

(2) 堆放构件的场地应保持排水良好,防止雨天积水后不能及时排泄,导致预制构件浸泡在水中受到污染。

(3) 堆放构件的场地应平整坚实,并避免地面凹凸不平。

(4) 在规划储存场地的地基承载力时要考虑不同预制构件堆垛层数和构件的重量。

(5) 按照文明施工要求,现场裸露的土体(含脚手架区域)场地需进行场地硬化;对于预制构件堆放场地路基压实度不应小于90%,面层建议采用15cm厚度的C30钢筋混凝土,钢筋 ϕ12@150 双向布置。

3. 存放方式

构件存放方式有平放和竖放两种。原则上墙板采用竖放方式,楼面板、屋顶板和柱构件采用平放或竖放方式,梁构件采用平放方式。

1) 平放时的注意事项(图 3-50)

(1) 在水平地基上并列放置 2 根木材或用钢材制作的垫木,放上构件后可在上面放置同样的垫木,一般不宜超过 6 层。

(2) 垫木上下位置之间如果存在错位,构件除了承受垂直荷载,还要承受弯曲应力和剪切力,所以必须放置在同一条竖直线上。

图 3-50 构件平放

2) 竖放时的注意事项(图 3-51)

(1) 要将地面压实并铺上混凝土等,铺设路面要整修为粗糙面,防止脚手架滑动。

(2) 使用脚手架搭台存放预制构件时,要固定构件两端。

(3) 要保持构件的垂直或成一定角度,并且使其保持平衡状态。

(4) 对柱和梁等立体构件要根据各自的形状和配筋选择合适的储存方法。

图 3-51 构件竖放

4. 存放示例

1）柱子堆放

柱子堆置时，不宜超过 2 层，且高度不宜超过 2.0m。同时在两端(0.2～0.25)L 处垫上木头，见图 3-52。若柱子有装饰石材时，预制构件与木头连接处需采用塑料垫块进行支承。上层柱子起吊前仍须水平平移至地面上，不可直接于上层起吊。

2）梁堆放

梁堆置时，不宜超过 2 层，且高度不宜超过 2.0m。实心梁应在两端(0.2～0.25)L 处垫上木头，见图 3-53。若为薄壳梁则须将木头垫于实心处，不可让薄壳端受力。

图 3-52 柱子堆放示例

图 3-53 预制梁堆放示例

3）外挂墙板堆放

墙板平放时不应超过三层，每层支点应在两端(0.2～0.25)L 范围内，且需保持上下支点位于同一线上。垂直立放时，以 A 字架堆置，如长期储存必须用安全塑料带捆绑（安全荷重 5t）或钢索固定。墙板直立储放时必须做到上下左右不得摇晃，以及考虑到地震时是否稳固。预制外墙板可以平放，但表面有石材和造型的不能叠层放置。如果施工现场空间有限，可采用钢支架将预制外墙板立放，以节约现场施工的空间。板材外饰面朝外，墙板搁置尽量避免与刚性支架直接接触，采用枕木或者软性垫片加以隔开，避免碰坏墙板，并在墙板底部垫枕木或者软性的垫片,如图 3-54 所示。

图 3-54 预制外挂墙板堆放示例

4)楼梯或阳台堆放

楼梯、阳台或异形构件若需堆置 2 层时,必须做到支撑稳固,且不可堆置过高,必要时应设计堆置工作架以确保堆置安全。

本章小结

本章主要介绍了预制构件种类、构件制作和质量检验的基本知识。对构件生产实施方案的确定、模具制作和拼装、钢筋加工及绑扎、饰面材料及加工、混凝土材料及拌和、钢筋骨架入模、预埋件固定、混凝土浇捣与养护、构件脱模与起吊等进行了论述;介绍了预制构件在制作过程中可能出现的质量问题及其防治措施;阐述了构件存放与储运的方式及操作要点。

复习思考题

3-1 简述装配式混凝土构件的种类。

3-2 简述建筑预制构件制作的基本要求。

3-3 请用图例描述预制墙体构件制作的过程。

3-4 简述装配式建筑预制构件的质量检查和验收要求。

3-5 如何解决装配式建筑预制构件制作工程中出现的质量通病?

第4章

装配式建筑结构施工

4.1 施工管理制度

依据施工组织中的管理计划与内容规范施工管理工作,包含全面的质量、进度、成本、安全文明、环保及绿色施工等措施实施。在施工管理中,不仅关注施工现场,同时还关注对工厂化预制管理的全周期、整体性流程协调。

4.1.1 质量管理

装配式混凝土结构是建筑业转型的里程碑,其质量把握需求已从厘米细化至毫米。这对施工管理者、设备配置和工艺技艺都提出了更高要求。

装配式混凝土结构建筑的质量管制需全面覆盖制造阶段、运输阶段、入场阶段、储存阶段直至最后的安装阶段。在此过程中,质量监控人员的检查力度与纠正策略必须一致。

预制组件生产环节,各个工序都必须经过严格的质量把关,特别是影响吊装精度的埋件、出筋位置以及平面尺寸等部分,必须严格按照设计图纸及相关法规进行审批。运输过程则需要使用专门的运载工具,并且组件装车时必须依照设计规格设置支撑点,这些支撑点要能够保证运输过程中的装配式构件稳定牢固。入场以后要逐项检查预埋件、出筋位置、外观质量、平面尺寸等指标。组件存放必须按照相关标准进行,地面需做硬化处理,其强度需考虑到放置的组件种类及重量。对于外墙板,应当使用专用堆放架,对外墙边角、装饰材料、防水胶带等做好防护措施。图4-1和图4-2分别给出了构件堆场场地硬化示意图和预制外墙板专用堆置架示例。

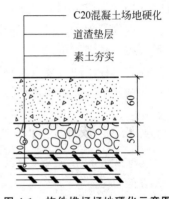

图 4-1 构件堆场场地硬化示意图

在装配式房屋中,垂直构件的连接质量直接影响装配式房屋的安全性,也是装配式房屋结构质量控制的关键。目前,垂直承载构件间的连接多为灌浆连接,灌浆质量对整体结构的安全有重要意义,需要加强监测。灌浆时,应对灌浆材料的理化性质、流动性、28d强度、接头试件等指标进行检验,并对灌浆全过程实施监督,保证灌浆质量达

图 4-2 预制外墙板专用堆置架示例

到设计要求。

施工中要求全面践行精细化质量管理,它要求专业质量控制人员全程监控,员工专业化,选用合格的施工机械,以及安全可靠的施工技术。日程进度管理是控制装配式建筑施工进度的重要方法,能有效地实现施工进度的精密控制,分工细化至每一天。

协调好部件之间的安装作业和拼接问题,可以确保工程进度,特别是加强构件的吊装顺序和界面处理工作的规划。高密度使用垂直运输设备是装配式建筑的显著特点,因此需编制合理的垂直运输设备使用计划,优先考虑吊装作业,精准安排至每日、小时级别的详细日程表来指导实际施工。

4.1.2 进度管理

装配式建筑施工进度管理应采用日进度的管理,将项目整体施工进度计划分解至日施工计划,以满足精细化进度管理的要求。

预制构件之间的装配、预制构件和现浇构件之间界面的协调施工直接关系到整体施工进度,因此必须做好构件吊装次序、界面协调等计划。

由于装配式建筑与传统建筑施工进度管理对垂直运输设备的使用频率相差较大,装配式建筑对垂直运输设备的依赖性非常大,因此必须编制垂直运输设备使用计划。编制计划时应将构件吊装作业作为最关键的作业内容,并精确至日、小时,最终以每日垂直运输设备使用计划指导施工。

在进度管理上,应采用逐日安排的策略,把宏观计划具体到每一天的实施方案,以确保产量调控的精细到位。

预制部件间的安装以及预制与现浇交接处的协调施工都与整体进度密切相关。因此,无论是构件吊装顺序还是衔接手法,都需要精心策划,严格执行。

4.1.3 成本管理

装配式混凝土结构涉及预制厂内部的成本管理、运输占用成本以及现场吊装耗费成本三大方面。

首先,预制厂内部要素如模具设计、预埋件优化、生产流程方案等直接影响着成本投入,在确保生产需求的前提下,须遵循模具数量最小化、效率最高的原则。此外,妥善安排生产计划,提升模板的使用率及减少模具的折旧费用也至关重要。

其次,运输成本的高低主要取决于运输里程数。为此,预制厂选址需遵循运输路线的合理性和经济性原则,建议预制厂与施工现场的最远距离不要超过80km。

最后,现场吊装阶段的成本构成主要涵盖垂直运设施费用、场地堆储费用和便道维护费用,以及复杂的吊装操作过程中的费用和防水处理所需的费用。在此阶段,成本管控的核心在于设计阶段对此类数据进行了精准优化,力求降低垂直运输设计和场地费用,从而达到降低施工成本的最终目的。

4.1.4　安全文明管理

起重吊装属于装配式建筑施工中的重要环节,对各阶段的安全性具有直接影响。因此,我们将其视为高度风险的源头进行严格控制。引入旁站式安全监控及新型工具式安全保护设备等前沿技术手段,以满足装配式建筑的安全需求。

装配式建筑所用构件种类繁多,形状各异,重量差异也较大,对于一些重量较大的异形构件应采用专用的平衡吊具进行吊装。图4-3及图4-4分别给出了外挂墙板和预制楼板起吊用专用平衡吊具的示例。

图 4-3　外挂墙板起吊用平衡梁示例

由于起重作业受风力影响较大,现场应根据作业层高度设置不同高度范围内的风力传感设备,并制定各种不同构件吊装作业的风力受限范围。在预制构件吊装过程中,应明确吊装规划并实施管理。

针对装配式建筑的特性,需科学选择现场堆放场地、临时通道以及建筑垃圾分类保管及处理方式。设定条件时优先应用新型模板及标准支撑体系,有效提升施工现场整体文明程度,实现资源循环利用。由于装配式建筑施工的复杂性,相关作业务必配备齐全个人安全防护用具,且相关人员能正确操作。一般安全防护设备应包含但不限于安全帽、安全绳、安全鞋、工作衣、工具包等。

装配式建筑施工管理人员及特殊工种等有关作业人员必须经过专项的安全培训,在取得相应的作业资格后方可进入现场从事与作业资格对应的工作。对于从事高空作业的相关

图 4-4　预制楼板起吊用吊架示例

人员应定期进行身体检查,对有心脑血管疾病史以及恐高症、低血糖等病症的人员一律严禁从业。

4.1.5　环境保护与施工管理

装配式建筑作为绿色、环保、低碳、节能型建筑的代表,已然成为建筑业实现可持续发展的重要途径之一。立足于人本理念,住宅工程尤其强调节约资源、保护环境,以此来推动绿色建筑的蓬勃发展。得益于装配式建筑施工技术,施工场地的作业量得以降低,变得更为整洁有序;采用高效自密实商品混凝土,显著减少噪声和粉尘等污染源和污染物的产生,从而有效降低对周围环境的影响,为周边居民创造宁静而整洁的生活环境。相较于传统施工方式,装配式建筑以干式作业取代湿式作业,大幅度减轻现场施工总量及污染物排放量,建筑废弃物亦明显减少。

绿色施工管理对装配式建筑而言主要体现为现场湿作业减少,木材使用量大幅下降,现场的用水量降低幅度较大,通过对预制率和预制构件分布部位的合理选择以及现场临时设施的重复周转、利用,并采取节能、节水、节材、节地和环保,即“四节一环保”的技术措施,达到绿色施工的管理要求。

4.2　施工组织设计

4.2.1　总则

1. 编制原则

施工组织设计应具有真实性和预见性,能够客观反映实际情况,其应涵盖项目的施工全过程,做到技术先进、部署合理、工艺成熟,针对性、指导性、可操作性强。

2. 编制依据

(1)应遵循与工程建筑有关的法律法规文件和现行的规范标准。

(2)应仔细阅读工程设计文件及工程施工合同,理解并把握工程特点,图纸及合同所要求的建筑功能、结构性能、质量要求等内容。

(3)应考虑工程现场条件,工程地质及水文地质、气象等自然条件。

(4)应结合企业自身生产能力、技术水平及装配式建筑构件生产、运输、吊装等工艺要求,制定工程主要施工办法及总体目标。

4.2.2 主要编制内容

根据《建筑施工组织设计规范》(GB/T 50502—2009)的要求,装配式建筑施工组织设计的主要内容应包括以下几方面:

1. 编制说明及依据

编制说明及依据包括合同、工程地质勘查报告、经审批的施工图,以及主要的现行适用的国家和地方标准、规范等。

2. 工程特点及重难点分析

从本工程特点分析入手,层层剥离出施工重难点,再到阐述解决措施;着重突出预制深化设计、加工制作运输、现场吊装、测量、连接等施工技术。

3. 工程概况

工程概况包括 PC 工程建设概况、设计概况、施工范围、构件生产厂及现场条件、工程施工特点及重点难点,应对预制率,构件种类、数量、重量及分布进行详细分析,同时针对工程重点、难点提出解决措施。

4. 工程目标

工程目标包括 PC 工程的质量、工期、安全生产、文明施工和职业健康安全管理、科技进步和创优目标、服务目标,对各项目标进行内部责任分解。

5. 施工组织与部署

以图表等形式列出项目管理组织机构图并说明项目管理模式、项目管理人员配备及职责分工、项目劳务队安排;概述工程施工区段的划分、施工顺序、施工任务划分、主要施工技术措施等。在施工部署中应明确装配式工程的总体施工流程、预制构件生产运输流程、标准层施工流程等,充分考虑现浇结构施工与 PC 构件吊装作业的交叉,明确两者工序的穿插顺序,明确作业界面划分。在施工部署过程中还应综合考虑构件数量、吊重、工期等因素,明确起重设备和主要施工方法,尽可能做到区段流水作业,从而提高工效。

6. 施工准备

概述施工准备工作组织及时间安排、技术准备、资源准备、现场准备等。其中,技术准备包括标准规范准备、图纸会审及构件拆分准备、施工过程设计与开发、检验批的划分、配合比设计、定位桩接收和复核、施工方案编制计划等。资源准备包括机械设备、劳动力、工程用材、周转材料、PC构件、试验与计量器具及其他施工设施的需求计划、资源组织等。现场准备包括现场准备任务安排、现场准备内容的说明,包括"三通一平"、堆场道路、办公场所完成计划等。

7. 施工总平面布置

总平面图编制受项目实际制约,分阶段说明现场平面布置图的内容,并阐述施工现场平面布置管理内容。在施工现场平面布置策划中,除需要考虑生活办公设施、施工便道、堆场等临建布置外,还应根据工程预制构件种类、数量、最大重量、位置等因素结合工程运输条件,设置构件专用堆场及道路;PC构件堆场设置需满足预制构件堆载重量、堆放数量的要求,应方便施工并结合垂直运输设备吊运半径及吊重等条件进行设置,构件运输道路设置应能够满足构件运输车辆载重、转弯半径、车辆交会等要求。

8. 施工技术方案

根据施工组织与部署中所采取的技术方案,对本工程的施工技术进行相应的叙述,并对施工技术的组织措施及其实施、检查改进、实施责任划分进行叙述。在装配式建筑施工组织设计方案中,除包含传统基础施工、现浇结构施工等施工方案外,还应对PC构件生产方案、运输方案、堆放方案、外防护方案进行详细叙述。

9. 构件吊装方案设计

装配整体式混凝土结构施工时,为了将预制构件安装到各自的设计位置,需要用到起重设备,应根据预制混凝土构件的重量、吊装距离、吊装高度以及施工的场地条件选择合适的起重装备。

预制式建筑施工前,需对塔式起重机型号、位置、旋转半径以及其他关键数据进行充分筹划。参考工程地理位置与周边交通道路,卸载区、构件存放区等因素,结合构件分割图与构筑物图纸得到各项构件数量、重量及其吊升部位以及工期等信息。依照这些数据来精密部署起降设备,包括设备的位置、数量以及型号。应将起重设备尽量设置于最重的构件附近,以全面覆盖最大的吊装区域。

10. 相关保证措施

相关保证措施包括质量保证措施、安全生产保证措施、文明施工环境保护措施、应急响应、季节施工措施、成本控制措施等。

质量保证措施应根据工程整体质量管理目标制定,在工程施工过程中围绕质量目标对各部门进行分工,制定构件生产、运输、吊装以及成品保护等各施工工序的质量管理要点,实施全员质量管理、全过程质量管理。

安全生产保证措施应根据工程整体安全管理目标制定,在工程施工过程中围绕安全文明施工目标对各部门进行分工,明确预制构件制作、运输、吊装施工等不同工序的安全文明施工管理重点,落实安全生产责任制,严格实施安全文明施工管理措施。

策划应急救援预案的初衷在于迅速有效地控制各类突发事故,尽可能降低事故造成的经济损失。应急处置主要偏向于对各类安全事故的救援,并依托工程项目自身及相关资源制定自我保护与治理策略。鉴于建筑工程自身的特性,事故诱因包括坍塌、火灾、中毒、爆炸、物体打击、高空坠落、机械伤害以及触电等。相应地,工程的备战预案将侧重于这些隐患来制定。

4.2.3　施工部署

1. 总体安排

根据工程总承包合同、施工图纸及现场情况,将工程划分为:基础及地下室结构施工阶段、地上结构施工阶段、装饰装修施工阶段、室外工程施工阶段、系统联动调试及竣工验收阶段。

工程施工阶段,塔楼区(含地下室)组织顺序为向上流水施工,地下室分三段组织流水施工。工序安排以桩基础施工→地下室结构施工→塔楼结构施工→外墙涂料施工→精装修工程施工→系统联合调试→竣工验收为主线,按照节点工期确定关键线路,统筹考虑自行施工与业主另行发包的专业工程的统一、协调,合理安排工序搭接及技术间歇,确保各节点工期的实现。

2. 分阶段部署

1) 基础及地下室施工阶段

(1) 区段划分。根据工程特点、后浇带位置以及施工组织需要,将地下室结构施工阶段划分为 N 个区域进行施工,N 个区域组织独立资源平行施工。

(2) 施工顺序。进场后立即安排测量放线、土方开挖,再进行垫层、防水施工。土方施工完成后可安排塔式起重机的基础施工及塔式起重机安装工作,保证后续施工的材料运输。

2) 主体结构施工阶段

(1) 区段划分。根据地上塔楼及工业化施工特点,地上结构施工分为塔楼现浇层和预制层。对各塔楼再根据工程量、施工缝、作业队伍等划分施工流水段。

(2) 施工顺序。各栋塔楼均组织资源独立施工,现浇层建议采用高周转模板,预制层采用预制构件拼装施工,现浇段宜采用铝合金模板进行施工。

3) 竣工验收阶段

竣工验收阶段的工作任务主要包含系统联动调试、竣工验收及资料移交。

(1) 系统联动调试。市政供水、供电系统完成后,立即开展机电各系统的单机调试工作,消防、环保、节能等工程提前报验,以满足工程整体竣工验收要求。其中,机电系统调试分电气系统调试、通风空调系统调试、给水排水系统调试、消防系统调试、电梯及弱电等单系统调试等。各系统的单项调试完成后进行综合系统联合调试,然后完成各系统验收。

（2）竣工验收。各专业分包必须负责施工工程竣工图的编制管理工作,总承包根据竣工图验收要求对各专业分包所绘制的竣工图进行符合性审查。

对于专业工程须独立检验项目,完成总承包事先检查并达标后,提交给监理工程师进行监理预先测试,通过后则由相关专业分部分项作业单位与其专业工程验收机构、监理工程师以及发包方共同商定正式验收时间,并向总承包通报。无需独立检验的项目,只需经总承包初步检测达标后,即可呈交至监理工程师处,同样在监理工程师预检合格后,组织专业分部分项企业、总承包企业、监理工程师及发包方协商验收。

办理工程预验及验收前,各专业分包应将准备验收工程的场地清理干净。

（3）资料移交。总承包在规定时间内收集所有竣工备案资料,对不属于施工总承包管理,直接提供的其他单位的资料进行跟踪、督促、协调,及时向发包人反馈收集和协调情况,收集齐全所有竣工备案资料后,按规定向有关部门提交,并向发包人反馈备案办理进度。

4.2.4　施工平面布置

施工平面布置时,首先应进行起重机械选型工作,然后根据起重机械布局、规划场内道路,最后根据起重机械以及道路的相对关系确定堆场位置。预制拼装与传统现浇相比,影响塔式起重机选型的因素有了一定变化。同样,增加的构件吊装工序,使得起重机对施工流水段及施工流向的划分均有影响。

1. 各阶段施工场地分析

（1）在基础施工、地下构架与地面现浇层建设期间,土方工程与现浇混凝土施工量繁重,现场需设立大量材料堆放区及临时设施基地。设计人员应特别关注如何满足施工所需的材料储存空间以及预制构件起吊作业预留区域,因此,不应将临时水电线缆、钢筋加工场这类无法轻易搬迁的设施安置于划定的预制构件起吊作业场地内。

（2）在预制装配层施工阶段,吊装构件堆放场地要以满足 1d 施工需要为宜,同时为以后的装修作业和设备安装预留场地,因此需合理布置塔式起重机和施工电梯位置,满足预制构件吊装和其他材料运输需要(图 4-5)。

图 4-5　预制楼板起吊用吊架

（3）在装修施工和设备安装阶段，有大量的分包单位将进场施工，按照总平面图布置此阶段的设备和材料堆场，按照施工进度计划使材料、设备如期进场是关键（图4-6）。

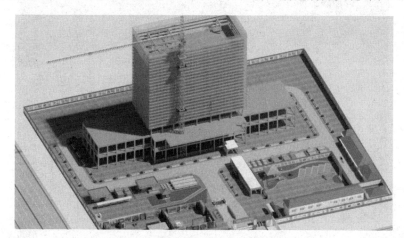

图4-6　装修与设备安装阶段总平面图

（4）根据场地情况及施工流水情况进行塔式起重机布置；考虑群塔作业，限制塔式起重机相互关系与臂长，并尽可能使塔式起重机的位置与所承担的吊运作业区域大致相当。

（5）考虑塔式起重机承载极限，依据最大自重的预制构件和其所在位置精心选用适宜的塔式起重机型号，使得所选机型能完全满足起吊需求；接着根据各组件重量、模板重量、混凝土吊斗重量乃至它们与塔式起重机之间的空间关系，对预选出的塔式起重机进行性能验证；成功选取塔式起重机型号之后，再参照预制构件重量与安装位置之间的对应关系来规划行车路线以及指定堆放场地。考虑到运输过程中预制构件的特性，应对道路坡度和拐弯半径实施严格管制，同时结合塔式起重机覆盖范围，做出合理的堆场布置；在拟定预制构件堆场时，要充分考虑构件排列和安装过程的受力一致。

2. 预制构件吊装阶段平面布置要求

（1）在地下室外墙土方回填完后，需尽快完善临时道路和临水临电线路，硬化预制构件堆场。将来需要破碎拆除的临时道路和堆场，可采取能多次周转使用的装配式混凝土路面、场地技术，将会节约成本，减少建筑垃圾外运。

（2）施工道路宽度需满足构件运输车辆的双向开行及卸货吊车的支设空间，道路平整度和路面强度需满足吊车吊运大型构件时的承载力要求。

（3）构件存放场地的布置宜避开地下车库区域，以免对车库顶板施加过大临时荷载，当采用地下室顶板作为堆放场地时，应对承载力进行计算，必要时应进行加固处理（需征得设计部门同意）。

（4）墙板（图4-7）、楼面板等重型构件宜靠近塔式起重机中心存放，阳台板、飘窗板等较轻构件可存放在起吊范围内的较远处。

（5）各类构件宜靠近且平行于临时道路排列，便于构件运输车辆卸货到位和施工中按顺序补货，避免二次倒运。

图 4-7　预制墙板堆放

　　(6) 不同构件堆放区域之间宜设宽度为 0.8～1.2m 的通道。将预制构件存放位置按构件吊装位置进行划分,用黄色油漆涂刷分隔线,并在各区域标注构件类型,存放构件时一一对应,以提高吊装的准确性,便于堆放和吊装。

　　(7) 构件宜按照吊装顺序及流水段配套堆放。

4.3　墙体安装施工

　　装配式混凝土剪力墙结构的一般施工流程如下:预制构件进场检查→现场堆放→吊装准备→预制墙板吊装就位→钢筋连接的套筒灌浆→梁、预制底板、预制阳台、楼梯吊装→叠合现浇部分钢筋绑扎、模板支设→墙体后浇段和楼板叠合面混凝土浇筑。为提高施工效率,套筒灌浆,预制梁、预制板构件吊装,现浇部分钢筋绑扎、模板支设等工作可以同时或者穿插施工。

　　预制装配式剪力墙结构的竖向构件主要是预制墙板,墙体作为传递竖向荷载的主要构件,其施工质量好坏直接决定结构的传力机制和抗震性能。因此以下主要介绍预制剪力墙板的安装流程:预制墙板进场检查、堆放→按施工图放线→安装调节预埋件和墙板安装位置坐浆→预制墙板起吊、调平→预留钢筋对位→预制墙板就位安放→斜支撑安装→墙板垂直度微调就位→摘钩→浆锚钢筋连接节点灌浆。

　　(1) 预制墙板运入现场后,对其进行检验(图 4-8)。严格按照首批进场构件全检,后续每批进场数量不得超过百件,每批随机抽取 5% 的构件进行细致检查。针对预制剪力墙构件,必须仔细查验各项尺寸(如高度、宽度、厚度及对角线差),并关注其侧向弯曲、表面平整度偏差及抗压强度是否达标。此外,还需严格检验暗藏预埋件的数量、中轴线定位精确程度,以及钢筋长度与混凝土表面高低差异等,所有参数均须与出厂检查记录逐项比照,确保符合相关规范和设计标准。特别留意剪力墙底部钢筋连接套筒或预留孔的灌浆孔与出浆孔,务必进行全面排查以确保孔道畅通无阻。待检验结束后,将结果正式归档,签字确认无误后方可进行装配。

图 4-8　预制墙板构件运输进场

　　(2) 根据施工图用经纬仪、钢尺、卷尺等测量工具在施工楼面上弹出轴线以及预制剪力墙构件的外边线,轴线误差不得超过 5mm。同时在预制剪力墙构件中弹出建筑标高 1000mm 控制线以及预制构件的中线。要尽量保证弹出的墨线清晰且不会过粗,以保证预制墙板的安装精度。同时由于预制剪力墙构件的竖向连接基本上通过套筒灌浆连接,套筒内壁与钢筋的距离为 6mm 左右,因此,为了保证被连接钢筋的位置准确、便于准确对位安装,在浇筑前一层时可以用专用的钢筋定位架(图 4-9)来控制其准确位置。

图 4-9　浇筑叠合层楼面混凝土时用定位架控制连接钢筋的准确位置

（3）在起吊前，应选择合适的吊具、钩索，并提前安装支撑系统所需的工具埋件，检查吊装设备和预埋件，检查吊环以及吊具质量，确保吊装安全。预制墙板下部 20mm 的灌浆缝可以使用预埋螺栓或者垫片的方法完成，该垫片的标高误差不得超过 2mm。剪力墙长度小于 2m 时，可以在墙端部 200～800mm 处设置两个螺栓或者垫片；如果剪力墙长度大于 2m，可适当增加预埋螺栓或者垫片的数量。

（4）开始吊装时，下方配备三人，其中一人为信号工，负责与塔吊司机联系，其他两人负责确保构件不发生磕碰。设计吊装方案时要注意确保吊索与墙体水平方向夹角大于 45°，现场常采用钢扁担起吊（图 4-10），能有效满足此项要求。

起吊时要遵循"三三三制"，即先将预制剪力墙吊至离地面 300mm 的位置后停稳 30s，工作人员确认构件是否水平、吊具连接是否牢固、钢丝绳是否交错、构件有无破损。确认无误后所有人员远离构件 3m 以上，通知塔吊司机可以起吊。如果发现构件倾斜等情况要停止吊装，放回原来位置，重新调整以确保构件能够水平起吊。

图 4-10　用钢扁担和配套索具吊装预制墙板

（5）预制剪力墙构件的套筒内壁与钢筋的距离为 6mm 左右，允许的吊装误差很小，因此在构件吊到设计位置附近后，要将构件缓缓下放，在距离作业层上方 500mm 左右的位置停止。安装人员用手扶住预制剪力墙板，配合塔吊司机将构件水平移动到构件安装位置，就位后缓缓下放，安装人员要确保构件不发生碰撞（图 4-11）。下降到下层构件的预留钢筋附近停止，借助反光镜确认钢筋是否在套筒正下方，微调至准确对位，指挥塔吊继续下放（图 4-12）。下降到距离工作面约 50mm 处停止，安装人员确认并尽量将构件控制在边线上，然后塔吊继续下放至垫片或预埋螺母处；若不行则回升到 50mm 处继续调整，直至构件基本到达正确位置为止，然后将被连接钢筋插入钢套筒。

图 4-11　将预制墙板扶正、缓放准备就位

图 4-12　借助反光镜将被连接钢筋插入钢套筒

（6）预制剪力墙板就位后，塔吊卸力之前，需要采用可调节斜支撑螺杆将墙板进行固定。螺杆与钢板相互连接，再通过螺栓和连接垫板与预埋件连接固定在预制构件上，确保牢

固,就可以实现斜支撑的功能。每一个剪力墙构件用不少于 2 根斜支撑进行固定。现场工地常使用两长两短 4 个斜支撑或者两根双肢可调螺杆支撑外墙板(图 4-13),内墙板常使用 2 根长螺杆支撑。斜支撑一般安装在竖向构件的同一侧面,并要求呈"八"字形,斜支撑与预制墙板间的投影水平夹角为 $70°\sim90°$,与楼面的竖向夹角为 $45°\sim60°$。

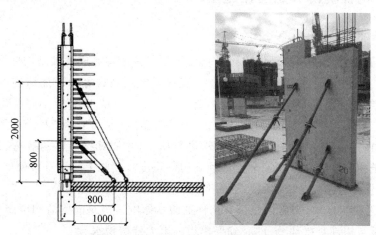

图 4-13 墙板就位后用斜支撑校正垂直度

斜支撑安装前,首先清除楼面和剪力墙板表面预埋件附近包裹的塑料薄膜及迸溅的水泥浆等,露出预埋连接钢筋环或连接螺栓丝扣,检查是否有松动现象,如出现松动,必须进行处理或更换。其次将连接螺栓拧到预埋的内螺纹套筒中,留出斜支撑构件连接铁板长度。再次将撑杆上的上下垫板沿缺口方向分别套在构件及地面上的螺栓上。安装时应先将一个方向的垫板套在螺杆上,再通过调节撑杆长度,将另一个方向的垫板套在螺杆上。最后将构件上的螺栓及地面预埋螺栓的螺母收紧。此处调节撑杆长度时要注意构件的垂直度能否满足设计要求。

(7) 构件基本就位后,需要进行测量确认。测量指标主要有标高、位置和倾斜度。

构件安装标高调整可以通过构件上弹出的 1000mm 线以及水准仪来测量,对每个构件都要在左右各测一个点,误差控制在 $\pm3mm$ 以内。如果超过标准,可能是以下原因:①垫片抄平时出现问题或者后来被移动过;②水准仪操作有误或者水准仪本身有问题;③某根钢筋过长导致构件不能完全下落;④构件区域内存在杂物或者混凝土面上有个别突出点使得构件不能完全下落。重新起吊构件后可以从这些因素上进行检查,然后重新测量,直至误差满足要求。

左右位置调整有整体偏差和旋转偏差之分。如果是整体偏差,让塔吊施加 80% 构件重量的起升力,用人工手推或者采用撬棍使整体移位。如果是旋转偏差,可以通过伸缩斜支撑的螺杆进行调整。前后位置如果也不能满足要求,在调整完左右位置后,塔吊施加 80% 构件重量的起升力,用斜支撑收缩往内和伸长往外的方式调整构件的前后位置。

正常情况下,垂直度和高度调整完善后不应产生倾斜现象。若出现此种现象,可能出自构件质量问题。建议再次细致检视构件本身。如再无其他异常,则需考虑是否发生垫片位置变动或损坏等偶发事件。经过以上微调准确无误后,可对剪力墙板予以暂时固定,随后可以放松构件吊钩,开始进行下一板件的吊装工作。

4.4　构件连接施工

4.4.1　构件现浇节点连接施工

1. 基本要求

装配式混凝土结构中节点现浇连接是指在预制构件吊装完成后预制构件之间的节点经钢筋绑扎或焊接,然后通过支模浇筑混凝土,实现装配式结构等同现浇结构的一种施工工艺。按照建筑结构体系的不同,其节点的构造要求和施工工艺也有所不同。现浇连接节点主要包括梁柱节点、叠合梁板节点、叠合阳台、空调板节点、湿式预制墙板节点等。

节点现浇连接构造应按设计图纸的要求进行施工,才能具有足够的抗弯、抗剪、抗震性能,才能保证结构的整体性以及安全性。预制构件现浇节点施工的注意事项如下:

(1) 现浇节点的连接在预制侧接触面上应设置粗糙面和键槽等。

(2) 混凝土浇筑量小,需考虑模板和构件的吸水影响。浇筑前要清扫浇筑部位,去除杂物,并润湿模板与构件对接部分,同时确保模板内部无残留积水。

(3) 在混凝土浇筑过程中,为使混凝土填充到节点的每个角落,确保混凝土充填密实,混凝土灌入后需采取有效的振捣措施。但一般不宜使用振动幅度大的振捣装置。

(4) 冬季施工时为防止冻坏填充混凝土,要对混凝土进行保温养护。

(5) 对清水混凝土工程及装饰混凝土工程,应使用能达到设计效果的模板。

(6) 现浇混凝土达到表 4-1 的强度后方可拆除底部模板。

表 4-1　底模拆除时的混凝土强度要求

构件类型	构件跨度/m	应达到设计混凝土立方体抗压强度标准值的百分率/%
板	≤2	≥50
	>2, ≤8	≥75
	>8	≥100
梁、拱、壳	≤8	≥75
	8	≥100
悬臂构件	—	≥100

(7) 模板上预埋件、预留孔以及预留洞的密封性需重视,要做到无渗透,同时确保它们稳固可靠,其偏差应符合表 4-2 的规定。检查中心线位置时,应沿纵、横两个方向测量,并取其中的最大值。

表 4-2　预埋件和预留孔洞的允许偏差

项目		允许偏差/mm
预埋钢板中心线位置		3
预埋管、预留孔中心线位置		3
插筋	中心线位置	5
	外露长度	+10

续表

项　　目		允许偏差/mm
预埋螺栓	中心线位置	2
	外露长度	+10
预留洞	中心线位置	10
	尺寸	+10

2．节点现浇连接的种类

节点现浇连接的详细分类参见表 2-2。

预制剪力墙体系主要预制构件节点现浇连接的构造形式有预制叠合剪力墙、预制与预制剪力墙、预制与现浇剪力墙、叠合楼板等几种。

预制框架体系主要预制构件节点现浇连接形式有预制梁现浇柱(中间)、预制梁现浇柱(边缘)、预制梁预制柱(中间)三种。

1）预制梁柱节点现浇连接施工

预制梁、柱连接节点通常出现在框架体系中(图 4-14)，立柱钢筋与梁的钢筋在节点部位应错开插入，在预制梁和预制柱吊装完成后，支立模浇筑混凝土。通常预制梁柱节点与叠合楼板中的现浇部分混凝土同时浇筑，并形成整体。

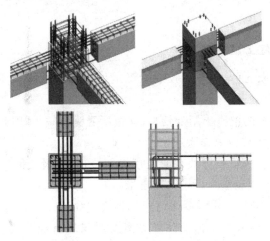

图 4-14　预制梁、柱节点示意图

2）叠合梁板节点现浇连接

叠合梁板也通常出现在框架体系中(图 4-15)，预制梁的上层筋部分设计为现浇形式，箍筋在预制部分梁中预留，梁上层钢筋现场穿筋和绑扎，在梁的一侧需设置 2.5cm 的空隙作为保护层。预制楼板也叫 KT 板，预制部分的板厚通常为 8cm，叠合梁板节点与叠合楼板中的现浇混凝土一起浇筑，在结构上形成一个整体。

3）叠合阳台、空调板

预制阳台、空调板通常设计成预制和现浇的叠合形式，与叠合楼板相同，预制部分的厚度通常为 8cm，板面预留有桁架筋，以增加预制构件刚度，保证在储运、吊装过程中预制板不会断裂，同时可作为板上层钢筋的支架，板下层钢筋直接预制在板内。

叠合阳台和空调板与楼层衔接处设有锚固钢筋,待预制板放置就位后,将预留钢筋嵌入楼层钢筋中并与叠合楼板的现浇混凝土一同浇筑,达到整体效果。在此过程中,预制阳台与空调板块通常采用降板设计,因此在浇筑楼板之前需进行相应的吊模操作。

4)叠合剪力墙

预制叠合剪力墙通常用于建筑的外墙。预制叠合剪力墙中现浇混凝土施工与叠合楼板基本相同,预制外墙板吊装在墙体的外侧,厚度一般为7cm,并兼做外模。内侧通过侧钢筋绑扎、立模和现浇混凝土形成整体(图4-16)。

图4-15　叠合梁板节点现浇

图4-16　预制剪力墙叠合部分混凝土施工场景

3. 节点现浇连接施工注意事项

(1)为确保现浇混凝土的平整性,预制装配式结构中的大体积混凝土应选择铝合金型材制作模板,以获得最佳效果。

(2)考虑到结合部位的混凝土用量较少,模板所受侧压减小,因此设计时需保证在混凝土浇筑过程中模板不产生移位或膨胀现象。

(3)为了防止水泥浆从预制构件表面与模板间流出,二者之间应紧密连接。缝隙处需采用软质材料进行封堵,避免渗漏影响工程质量。

(4)在模板拆卸前,必须确保混凝土已经达到规定强度。

(5)混凝土浇筑完毕后,应按施工技术方案及时采取有效的养护措施,并应符合下列规定:

① 应在混凝土浇筑完毕后12h内对混凝土加以覆盖并保湿养护。

② 混凝土浇水养护的时间:对采用硅酸盐水泥、普通硅酸盐水泥或矿渣硅酸盐水泥拌制的混凝土,不得少于7d;对掺用缓凝型外加剂或有抗渗要求的混凝土,不得少于14d。

③ 浇水次数应能保持混凝土处于湿润状态,混凝土养护用水应与拌制用水相同。

④ 采用塑料布覆盖养护的混凝土,其敞露的全部表面应覆盖严密,并应保持塑料布内有凝结水。

⑤ 混凝土强度达到 $1.2N/mm^2$ 前,不得在其上踩踏或安装模板及支架。

⑥ 当日平均气温低于5℃时,不得浇水。

⑦ 当采用其他品种水泥时,混凝土的养护时间应根据所采用水泥的技术性能确定。

⑧ 混凝土表面不便浇水或使用塑料布时,宜涂刷养护剂。

⑨ 大体积混凝土的养护,应根据气候条件按施工技术方案采取控温措施。

⑩ 检查数量与检验方法。

检查数量:全数检查。

检验方法:观察,检查施工记录。

4.4.2 预制构件钢筋的连接施工

1. 基本要求

预制构件节点的钢筋连接应满足行业标准《钢筋机械连接技术规程》(JGJ 107—2016)中Ⅰ级接头的性能要求,并应符合国家行业有关标准的规定。

2. 预制构件主筋连接的种类

预制构件钢筋连接的种类主要有钢筋套筒灌浆连接、钢筋浆锚搭接连接以及直螺纹套筒连接。

3. 钢筋套筒灌浆连接施工

1)基本原理

钢筋套筒灌浆连接采用的技术要点在于,将预制件一侧的预留钢筋伸入另一侧的预留套筒中,借助预留的灌浆孔,向其内部注入高性能无收缩水泥砂浆,从而实现钢筋的准确接续。钢筋套筒灌浆连接的受力机理是:灌注的高强度无收缩砂浆在套筒的围束作用下,达到设计要求的强度后,钢筋、砂浆和套筒三者之间产生摩擦力和咬合力,满足设计要求的承载力。

2)灌浆材料

灌浆材料不应对钢筋产生侵蚀,任何已经硬化的灌浆均不得再用。需专门选择适用的高强无收缩灌浆料作柱套筒灌浆用。

3)套筒续接器(图 4-17,其规格见表 4-3)

(1)套筒应采用球墨铸铁制作,并应符合现行国家标准《球墨铸铁件》(GB/T 1348—2019)的有关要求。球墨铸铁套筒材料性能应符合下列规定:抗拉强度不应小于 600MPa;伸长率不应小于 3%;球化率不应小于 85%。

(2)套筒式钢筋连接的性能检验,应符合《钢筋机械连接技术规程》(JGJ 107—2016)中Ⅰ级接头性能等级要求。

(3)采用套筒续接砂浆连接的钢筋,其屈服强度标准值不应大于 500MPa,抗拉强度标准值不应大于 630MPa。

4)注意事项

采用钢筋套筒灌浆连接时,应按设计要求检查套筒中连接钢筋的位置和长度。套筒灌浆施工尚应符合下列规定:

(1)灌浆操作实施前需制定对应的专项质量保障方案,且必须全程进行质量监控。

(2)按照灌浆料配比准确计量灌浆物料与水量,拌匀后测试流动度以确保达到设定标准。

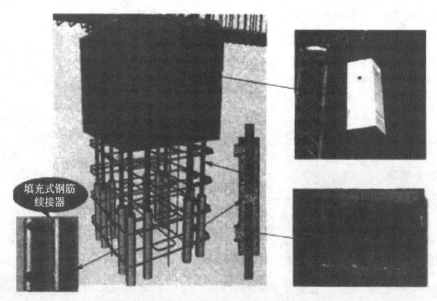

填充式钢筋
续接器

图 4-17　套筒续接器示意图

表 4-3　套筒续接器规格表　　　　　　单位：mm

型号	钢筋直径	套筒尺寸						填缝材厚度
		全长 L	外径 d	钢筋插入口		注入口至套筒底部距离	排出口至套筒底部距离	
				宽口径 ϕ_1	窄口径 ϕ_2			
4VSA	$\phi12$	190	44	28	16	47	159	17
5VSA	$\phi14,16$	220	47	31	20	47	189	17
6VSA	$\phi18$	250	51	35	24	47	219	17
7VSA	$\phi20,22$	290	59	43	27	47	259	17
8VSA	$\phi25$	320	64	47	31	47	289	17
9VSA	$\phi28$	363	67	50	35	47	332	17
10VSA	$\phi32$	403	72	54	39	47	372	17
11VSA	$\phi36$	443	78	58	43	47	412	17
14VSA	$\phi40$	533	89	65	50	47	502	17

（3）灌浆作业应采取压浆法从下口灌注，当浆料从上口流出时应及时封堵，持压 30s 后再封堵下口。

（4）灌浆作业应及时做好施工质量检查记录，每个工作班制作一组试件。

（5）灌浆作业时应保证浆料在 48h 凝结硬化过程中连接部位温度不低于 10℃。

（6）灌浆料拌合物应在制备后 30min 内用完。

（7）依据设计图纸确定钢筋机械接头类型，开展施工步骤。

（8）接头的设计应满足强度及变形性能的要求。

（9）接头连接件的屈服承载力和抗拉承载力的标准值应不小于被连接钢筋的屈服承载力和抗拉承载力标准值的 1.1 倍。

5) 钢筋套筒灌浆连接流程

钢筋套筒灌浆连接的施工流程见图4-18。

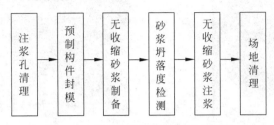

图 4-18　钢筋套筒灌浆连接施工流程

其主要作业工序如下:

(1) 步骤1:灌浆孔清理(图4-19)。

(2) 步骤2:柱底封模(图4-20)。

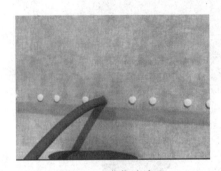
图 4-19　灌浆孔清理

图 4-20　柱底封模

施工要点如下:

① 立柱底部接缝处四周封模,可采用砂浆(高强砂浆+快干水泥)或木材,但必须确保避免漏浆。当采用木材封模时应塞紧,以免木材受压力作用跑位漏浆。

② 施工过程中发生爆模时必须立即进行处理,每支套筒内必须充满续接砂浆,不能有气泡存在。若有爆模产生的水泥浆液污染结构物的表面必须立即清洗干净,以免影响外观质量。

(3) 步骤3:无收缩水泥砂浆的制备(图4-21)。

施工要点如下:

① 应事先检查灌浆机具是否干净,尤其输送软管不应有残余水泥,以防止堵塞灌浆机。

② 检查套筒续接砂浆用的特殊水泥是否在有效期间内,水泥即使在使用的有效期内,若超过6个月,也需过 $\phi 8mm$ 筛去除较粗颗粒,且需要做标准试块($70mm \times 70mm \times 70mm$)进行抗压试验确认其强度。

③ 检查所使用的水是否清洁及碱性物质含量。使用非自来水时,需做氯离子检测,使用自来水可免检验。海水严禁使用。

(4) 步骤4:无收缩水泥砂浆的流度测试(图4-22)。

图 4-21　无收缩水泥砂浆制备

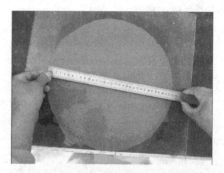

图 4-22　无收缩水泥砂浆流度测试

（5）步骤 5：无收缩水泥灌浆（图 4-23）。

图 4-23　无收缩水泥灌浆

施工要点如下：

① 灌浆时浆液需自预留在柱底的灌浆孔注入，由设置在柱顶部的出浆孔呈圆柱状的灌浆体均匀流出后，方可用塑料塞塞紧。

② 如果遇有无法正常出浆，应立即停止灌浆作业，检查无法出浆的原因，排除障碍后方可继续作业。

③ 套筒灌浆连接及钢筋浆锚搭接连接的接头检验应以每层或 500 个接头为一个检验批，每个检验批的施工记录和每班试件的强度检验报告均应进行全数检查。套筒续接器的拉伸试验架见图 4-24。

（6）步骤 6：出浆确认并塞孔（图 4-25）。

6）试验和检查

（1）在下列情况下应进行试验：需确定接头性能等级时；材料、工艺、规格进行变更时；质量监督部门提出专门要求时。

（2）每楼层均需做三组水泥砂浆试件，送相关部门检测，对于砂浆 1d、7d、28d 强度进行测定。做 1d 试块强度测定的目的是确定第二天是否可以吊装预制梁，只有试块的强度达到设计值的 65%～70% 时才能进行预制梁的吊装。

图 4-24 套筒续接器拉伸试验架

图 4-25 出浆确认并塞孔

（3）灌浆作业完成后必须将工作面清洁干净，所有施工机具也需清洗干净。

（4）采用套筒灌浆连接时，应检查套筒中连接钢筋的位置和长度是否满足设计要求，套筒和灌浆材料应采用同一厂家经认证的配套产品。

（5）灌浆前应制定套筒灌浆操作的专项质量保证措施，被连接钢筋偏离套筒中心线的角度不应超过 7°，灌浆操作全过程应有监理人员旁站。

（6）灌浆料应由经培训合格的专业人员按配置要求计量灌浆材料和水的用量，经搅拌均匀后测定其流动度，满足设计要求后方可灌注。

（7）浆料应在制备后半小时内用完。灌浆作业应采取压浆法从下口灌注，当浆料从上口流出时应及时封堵，持压 30s 后再封堵下口。

4. 钢筋浆锚搭接连接施工

1）基本原理

传统现浇混凝土结构中的钢筋搭接普遍采用绑扎或焊接连接方法。对于装配式结构而言，预制构件间的连接主要有钢套筒和钢筋浆锚两种连接方式。相较于钢套筒连接，钢筋浆锚连接具有同等程度的安全性、便利性且更为经济，这在大量的试验测试中得到了证实。因此，钢筋浆锚搭接被认为是一种能确保钢筋搭接力有效传递的高效连接方式。

钢筋浆锚的基本原理就是通过使拉结钢筋嵌入螺旋筋加强过的预留孔，并以高强无收缩水泥砂浆填满预留孔以达到力的传递效果。简单来说就是，钢筋中的张应力通过剪应力作用于灌浆料上，最后传递至周围预制混凝土间的接触面，它也被称为间接锚固或间接搭接。

连接钢筋采用浆锚搭接连接时，可在下层预制构件中设置竖向连接钢筋与上层预制构件内的连接钢筋通过浆锚搭接连接。纵向钢筋采用浆锚搭接连接时，应对预留孔成孔工艺、孔道形状和长度、构造要求、灌浆料和被连接的钢筋进行力学性能以及适用性的试验验证。直径大于 20mm 的钢筋不宜采用浆锚搭接连接，直接承受动力荷载构件的纵向钢筋不应采用浆锚搭接连接。连接钢筋可在预制构件中通长设置，或在预制构件中可靠地锚固。

2）浆锚灌浆连接的性能要求

钢筋浆锚连接用灌浆料性能应按照《装配式混凝土结构技术规程》（JGJ 1—2014）的要求执行，具体性能要求见表 4-4。

表 4-4　钢筋浆锚连接用灌浆料性能要求

指 标 名 称		指 标 性 能
泌水率/%		0
流动度/mm	初始值	≥200
	30min 保留值	≥150
竖向膨胀率/%	3h	≥0.02
	24h 与 3h 的膨胀率之差	0.02～0.5
抗压强度/MPa	1d	≥30
	3d	≥50
	28d	≥70
对钢筋的锈蚀作用		不应有

3）浆锚灌浆连接施工要点

预制构件主筋采用浆锚灌浆连接的方式，在设计上对抗震等级和高度有一定的限制。在预制剪力墙体系中预制剪力墙的连接使用较多，预制框架体系中的预制立柱的连接一般不宜采用。钢筋浆锚连接的施工流程可参考图 4-18。图 4-26 和图 4-27 分别给出了钢筋浆锚连接的示意图和预制外墙浆锚灌浆连接图。毫无疑问，浆锚灌浆连接节点施工的关键是灌浆材料及施工工艺、无收缩水泥灌浆施工质量，可参照钢套筒的连接施工相关章节。

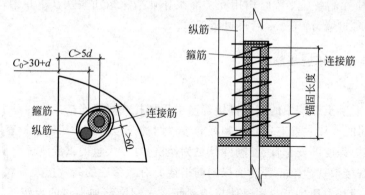

图 4-26　钢筋浆锚灌浆连接示意图

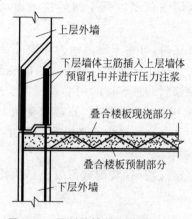

图 4-27　预制外墙浆锚灌浆连接图

5. 直螺纹套筒连接施工

1) 基本原理

在直螺纹套筒连接接头施工中,通过对钢筋加工部位进行剥肋并经滚轧处理,形成螺纹,之后借助连接套筒完成连接安装,使得吻合度极高的钢筋丝头与套筒紧密结合,达成同等强度的钢筋连接效果。此项技术涉及四种不同类型:冷镦粗直螺纹、热镦粗直螺纹、直接滚轧直螺纹以及挤(碾)压肋滚轧直螺纹。

2) 注意事项

(1) 技术要求

① 钢筋先调直再下料,切口端面与钢筋轴线垂直,不得有马蹄形或挠曲,不得用气割下料。

② 钢筋下料时需符合下列规定:

设置在同一个构件内的同一截面受力钢筋的位置应相互错开。在同一截面接头百分率不应超过 50%。

钢筋接头端部距钢筋受弯点的距离不得小于钢筋直径的 10 倍。

钢筋连接套筒的混凝土保护层厚度应满足《混凝土结构设计规范》(GB 50010—2010)中的相应规定且不得小于 15mm,连接套之间的横向净距不宜小于 25mm。

(2) 钢筋螺纹加工

① 钢筋端部平头使用钢筋切割机进行切割,不得采用气割。切口断面应与钢筋轴线垂直。

② 按照钢筋规格所需要的调试棒调整好滚丝头内控最小尺寸。

③ 按照钢筋规格更换涨刀环,并按规定丝头加工尺寸调整好剥肋加工尺寸。

④ 调整剥肋挡块及滚轧行程开关位置,保证剥肋及滚轧螺纹长度符合丝头加工尺寸的规定。

⑤ 丝头加工时应用水性润滑液,不得使用油性润滑液。当气温低于 0℃ 时,应掺入 15%~20% 亚硝酸钠。严禁使用机油作切割液或不加切割液加工丝头。

⑥ 钢筋丝头加工完毕经检验合格后,应立即戴上丝头保护帽或拧上连接套筒,防止装卸钢筋时损坏丝头。

(3) 钢筋连接

① 连接钢筋时,钢筋规格和连接套筒规格应一致,并确保钢筋和连接套的丝扣干净、完好无损。

② 必须用力矩扳手拧紧接头。力矩扳手的精度为 ±5%,要求每半年用扭力仪检定一次。力矩扳手不使用时,将其力矩值调整为零,以保证其精度。

③ 接头拧紧值应满足表 4-5 规定的力矩值,不得超拧,拧紧后的接头应作上标记,防止钢筋接头漏拧。

④ 施工前应依据钢筋直径调节施工力扭矩扳手上的阻力标识,达到设定值后进行钢筋连接作业。遵循要求,以适当力度均匀施加轴力,至扳手发出"咔嗒"声后立即中止(避免仪器受损)。

⑤ 水平钢筋必须依次连接,从一头往另一头,不得从两边往中间连接。连接时两人应

面对站立,一人用扳手卡住已连接好的钢筋,另一人用力矩扳手拧紧待连接钢筋,按规定的力矩值进行连接,这样可避免弄坏已连接好的钢筋接头。

⑥ 使用扳手对钢筋接头拧紧时,只要达到力矩扳手调定的力矩值即可,拧紧后按表 4-5 的规定检查力矩值。

表 4-5　滚轧直螺纹钢筋接头拧紧力矩值

钢筋直径/mm	≤16	18～20	22～25	28～32
拧紧力矩值/(N·m)	100	200	260	320

⑦ 接头拼接完成后,应使两个丝头在套筒中央位置相互顶紧,套筒的两端不得有一扣以上的完整丝扣外露。加长型接头在外露出扣数量不作严格规定,需明确标识,以便核查入套筒丝头长度是否符合标准。

(4)材料与机械设备

① 材料准备

钢套筒具备出厂合格证书,其力学性能需符合相关规范标准。表观上不存在裂纹、折叠等缺陷。在运输与储存环节,应按照规格分类存放,不得露天堆置,防止生锈及污染。

钢筋须满足国家标准设计要求,具备产品合格证书、出厂检测报告以及进场复检报告。

② 施工机具

施工机具包括钢筋直螺纹剥肋滚丝机、力矩扳手、牙型规、卡规、直螺纹塞规。

6. 波纹管连接施工

波纹管连接的施工工艺与钢筋套筒灌浆连接和浆锚灌浆连接的施工流程与施工要求基本相同,可参照执行。图 4-28 所示为金属波纹管连接示意图。

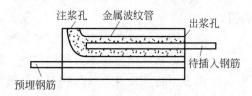

图 4-28　金属波纹管连接图

4.4.3　构件接缝构造连接施工

1. 接缝材料

预制构件的接缝材料分主材和辅材两部分,辅材根据选用的主材确定。主材密封胶是一种可随密封面形状而变形,不易流淌,有一定黏结性的密封材料。预制混凝土构件接缝使用建筑密封胶,按其组成大致可分为聚硫橡胶、氯丁橡胶、丙烯酸、聚氨酯、丁基橡胶、硅橡胶、橡塑复合型、热塑性弹性体等多种。预制混凝土构件接缝材料的要求可参照《装配式混凝土结构技术规程》(JGJ 1—2014)执行,具体要求如下:

(1)接缝材料应与混凝土具有相溶性,以及具有规定的抗剪切和伸缩变形能力;应具有防霉、防水、防火、耐候等性能。

(2)硅酮、聚氨酯、聚硫建筑密封胶应分别符合国家现行标准《硅酮和改性硅酮建筑密封胶》(GB/T 14683—2017)、《聚氨酯建筑密封胶》(JC/T 482—2022)、《聚硫建筑密封胶》(JC/T 483—2022)的规定。

（3）夹心外墙板接缝处填充用保温材料的燃烧性能应满足现行国家标准《建筑材料及制品燃烧性能分级》(GB 8624—2012)中 A 级的要求。

2. 接缝构造要求

预制外墙板接缝采用防水处理,必须用防水性能可靠的嵌缝材料。板缝宽度不宜大于20mm,材料防水的嵌缝深度不得小于20mm。对于普通嵌缝材料,在嵌缝材料外侧应勾水泥砂浆保护层,其厚度不得小于15mm。对于高档嵌缝材料,其外侧可不做保护层。预制外墙板接缝的材料防水还应符合下列要求:

（1）外墙板接缝宽度设计应满足在热胀冷缩及风荷载、地震作用等外界环境的影响下,其尺寸变形不会导致密封胶破裂或剥离破坏的要求。

（2）外墙板接缝宽度不应小于10mm,一般设计宜控制在 10~35mm 范围内;接缝胶深度一般在 8~15mm 范围内。

（3）外墙板的接缝可分为水平缝和垂直缝两种形式。

（4）普通多层建筑预制外墙板接缝宜采用一道防水构造做法(图 4-29)。

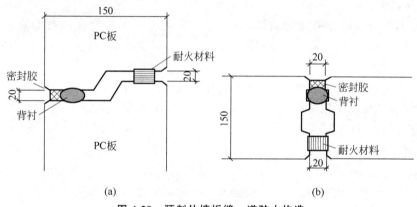

(a)　　　　　　　　(b)

图 4-29　预制外墙板缝一道防水构造

（a）水平缝；（b）垂直缝

（5）高层建筑、多雨地区的预制外墙板接缝防水宜采用两道密封防水构造的做法,即在外部密封胶防水的基础上,增设一道发泡氯丁橡胶密封防水构造(图 4-30)。

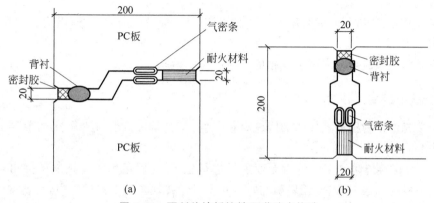

(a)　　　　　　　　(b)

图 4-30　预制外墙板接缝两道防水构造

（a）水平缝；（b）垂直缝

3. 接缝嵌缝施工流程

接缝嵌缝的施工流程如图 4-31 所示。其主要工序的施工说明如下：

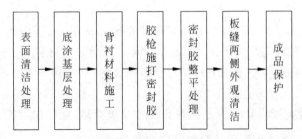

图 4-31　预制外墙板接缝嵌缝施工流程

1）表面清洁处理

外墙板缝表面应保持清洁至无尘、无污染或其他污染物的状态。表面如有油污可用溶剂（甲苯、汽油）擦洗干净。

2）底涂基层处理

为使密封胶与基层更有效地黏结，施打前可先用专用的配套底涂料涂刷一道作基层处理。

3）背衬材料施工

密封胶施打前应事先用背衬材料填充过深的板缝，避免浪费密封胶，同时避免密封胶三面黏结，影响性能发挥。吊装时用木柄压实、平整。注意吊装的衬底材料的埋置深度，在外墙板面以下 10mm 左右为宜。

4）施打密封胶

密封胶置于胶枪内，胶嘴须按照接缝口径精确切割，从而确保在挤胶时可以产生足够压力，无渗透空气现象。施工过程中，应从底部逐步向上推进，杜绝堆积的情况发生，以保证密封胶完全充盈整个缝隙区域。

5）密封胶整平处理

填胶后应立即进行平整校正作业，使用特制的圆形刮刀垂直于间隙平滑刮平。这样做不仅能改善密封胶的观感，也有利于增加密封材料与墙体基层的贴合度。

6）板缝两侧外观清洁

当施打密封胶时，若密封胶溢出到两侧的外墙板，应及时清除干净，以免影响外观质量。

7）成品保护

在完成接缝表面封胶后可采取相应的成品保护措施。

4. 接缝嵌缝施工注意事项

由于接缝设计的构造及使用的嵌缝材料不同，其处理方式也存在一定的差异。常用接缝连接构造的施工要点如下：

（1）外墙板接缝防水工程应由专业人员进行施工，橡胶条通常为预制构件出厂时预嵌在混凝土墙板的凹槽内，以保证外墙的防排水质量。在现场施工的过程中，预制构件调整就位后，通过安装在相邻两块预制外墙板的橡胶条相互挤压达到防水效果。

（2）预制构件外侧通过施打结构性密封胶来实现防水构造。密封防水胶封堵前，侧壁应清理干净，保持干燥，事先应对嵌缝材料的性能质量进行检查。嵌缝材料应与墙板黏结牢固。

（3）对于预制结构连接缝隙，施工完毕之后须进行外观质量评定，应符合相关建筑外墙防水工程技术规范以及国家和地区标准的规定；若有需要，可实施喷淋测试来验证其防水性能。

4.5 预制叠合梁、板安装施工

4.5.1 预制叠合板施工

对支撑板的剪力墙或梁顶面标高进行认真检查，安装叠合板时底部必须做临时支架，支撑采用可调节钢制 PC 工具式支撑，间距不大于 1500mm，安装楼板前调整支撑标高与两侧墙预留标高一致。搭设时请装配式叠合楼板技术人员到现场进行安装指导。起始支撑设置根据叠合楼板与边支座的搭设长度确定，当叠合楼板与边支座的搭接长度大于或等于 40mm 时，楼板边支座附近 1.5m 内无须设置支撑；当叠合楼板与边支座的搭接长度小于 35mm 时，须在楼板边支座附近 200～600mm 范围内设置一道支撑体系。楼板的支撑体系必须有足够的强度和刚度，楼板支撑体系的水平高度必须达到精准的要求，以保证楼板浇筑成型后底面平整，跨度大于 4m 时中间的位置要适当起拱。

在结构层施工中，要双层设置支撑，待一层叠合楼板结构施工完成后，结构跨度≤8m，现浇混凝土强度≥75％设计强度时，才可以拆除下一支撑。

（1）为确保每个预制构件安装精确无误，需在吊装之前进行测量并标注出四周控制线（隔板、梁、柱）。针对叠合板吊装，可使用专门的吊架以确保各吊点受力均衡以及叠合板平稳放置。同时，避免构件产生裂纹和变形等现象。

（2）用塔吊缓缓将预制板吊起，待板的底边升至距地面 500mm 时略作停顿，再次检查吊挂是否牢固，板面有无污染破损，若有问题必须立即处理。确认无误后，继续提升使之慢慢靠近安装作业面。叠合板吊装施工图见图 4-32。

图 4-32 叠合板吊装施工图

（3）叠合板须从上而下垂直安装，于800m高空稍作停留以便施工人员手动调整方向。安装过程中须使板边缘与计划安装位置线重合，切勿让板上预留钢筋与墙体钢筋发生冲突。放置时应缓慢放下，禁止快速猛烈放置，以免冲力引发板表面震裂或撕裂。如遇五级以上大风天气，则须暂停吊装操作。

（4）调整板位置时，要垫以小木块，不要直接使用撬棍，以免损坏板边角，要保证搁置长度，其允许偏差不大于5mm。

（5）叠合板安装完后进行标高校核，调节板下的可调支撑。

（6）叠合板支座处纵向钢筋施工易发生以下问题：

① 叠合板吊装时，因纵向甩出胡子筋，在向支座处安装时与附近封闭箍筋易发生矛盾。叠合板甩出钢筋大部分需要弯折，严重影响钢筋定位和吊装进度。

② 因叠合梁采用开口箍筋，当叠合板甩出胡子筋向支座处安装时也有矛盾和难度。同时，应注意叠合板就位胡子筋进入支座后，才能安装叠合梁纵向钢筋。

（7）当一跨板吊装结束后，要根据板周边线、隔板上弹出的标高控制线对板标高及位置进行精确调整，误差控制为2mm。

（8）叠合板混凝土浇筑前应检查结合面粗糙度，并应检查及校正预制构件的外露钢筋。

（9）应在后浇混凝土强度达到设计要求后，方可拆除叠合板支撑或使其承受施工荷载。

（10）预制叠合楼板安装的偏差需在一定允许范围之内（表4-6）。

表 4-6　预制叠合楼板安装允许偏差

序号	项　目	允许偏差/mm	检 验 方 法
1	预制楼板标高	±5	水准仪或拉线、钢尺检查
2	预制楼板搁置长度	±10	钢尺检查
3	相邻板面高低差	2	钢尺检查
4	预制楼板拼缝平整度	3	用2m靠尺和塞尺检查

4.5.2　预制叠合梁、阳台、空调板施工

（1）悬挑板堆放应满足叠合板堆放要求。每块预制构件吊装前测量并弹出相应周边（隔板、梁、柱）控制线，弹出构件外挑尺寸及两侧边线，校核高度。

（2）构件吊装的定位与临时支撑至关重要。精确的定位可以确保安装质量，而适当利用临时支撑不仅是控制定位质量的有效手段，更是保障施工安全的必备举措。对于悬挑板的临时支撑，须有过硬的刚度和稳固性；在逐层进行支撑时，仍需保持支撑的上下垂直状态，在下层至少保留三层支撑。

（3）梁柱节点钢筋交错密集，因此在深化设计时要考虑钢筋位置关系，直接设计出必要的弯折。叠合梁吊装施工图见图4-33。

（4）叠合式阳台楼板使用钢筋桁架板；预制阳台及空调板块均以设计预留负筋作为连接件，并在后续浇筑过程中确保其准确位置。

（5）构件就位需调节时，可采用撬棍将构件仔细与控制线进行校核，将构件调整至正确位置，将锚固钢筋理顺就位。最后应将锚固钢筋与圈梁或板的主筋进行绑扎或焊接。

图 4-33　叠合梁吊装施工图

4.6　其他预制构件安装施工

4.6.1　预制柱安装施工

装配式混凝土框架结构的一般施工流程如下：预制构件进场检查→现场堆放→吊装准备→预制柱吊装就位→钢筋连接的套筒灌浆→梁、预制板、预制阳台、楼梯吊装→叠合现浇部分钢筋绑扎、模板支设→梁柱节点、梁和楼板叠合面混凝土浇筑。

预制柱是装配式混凝土框架的主要构件，其安装流程为：预制柱进场检查→按预制柱安装位置进行楼面画线，包括轴线和柱边安装位置线→测量预制柱安装位置标高并在四角放置调高垫铁→预制柱起吊就位→微调预制柱安装位置→设置可调斜支撑并校正柱身垂直度→预制柱底周边用坐浆料封闭→灌浆料准备和钢筋连接套筒灌浆→套筒灌浆料预养至规定强度后拆除斜撑。

（1）预制柱进场前，在浇筑楼面叠合层混凝土时，柱的露出楼面的连接钢筋必须采用专用套板定位（图 4-34），浇筑混凝土后对其进行检查，主要检查外露长度和倾斜度。

（2）预制柱进场后应对其进行检查。对柱底的钢筋连接套筒应逐一检查，检查其套筒本体内部的畅通性、进浆孔和排浆孔的畅通性，逐一检查后做出已通过检查的标记（图 4-35）。

图 4-34　露出楼面的柱筋采用套板定位

图 4-35　预制柱钢筋连接套筒进场检查

　　（3）预制柱起吊前,需首先完成以下基础准备工作:将柱身轴线标出并精密测量与定位,重点关注 X、Y 方向的轴线;其次,根据柱体外形尺寸标注定位线,作为待放位支柱的外侧边缘参考。

图 4-36　柱角用垫片调整安装标高

　　（4）测量每个柱的楼面安装位置的标高,用不同厚度垫片在柱截面的四个角部调整预制柱底的安装标高(图 4-36)。

　　（5）采用直吊方法将平卧状态的预制柱转身至直立状态后吊至安装位置,先对准导向钢筋,后徐徐将柱底套筒对准每一根露出楼面的连接钢筋,就位后立即用能承受拉压的可调斜撑临时固定。可调斜撑须不少于两根,并成 90°夹角设置(图 4-37)。

图 4-37　预制柱直吊就位及斜撑固定

　　（6）利用专业器具,参照楼面上绘制出的定位线,精细调整预制柱的位置。精确归位之后,校验柱体的垂直度,完成预制柱的稳固安装。

4.6.2　预制楼梯构件安装施工

　　目前,预制楼梯主要采用两种安装方法:一是安装时下部搭建临时支撑,将完成吊装的预制楼梯进行部分现浇,进而使其与叠合梁板形成现浇节点的衔接;二是通过预埋钢筋及灌浆实现紧密的连接。鉴于前述方案的施工流程与梁板较为相似,以下仅简要阐述后者——预埋件连接方式的特点。

　　预制楼梯构件的安装流程:预制楼梯进场检查、堆放→楼梯上下口铺设 20mm 砂浆找平层→按图放线→预制楼梯吊装→就位安放→微调控位→预埋件连接并灌浆→摘钩。

　　（1）预制楼梯进场后,对其外观、尺寸、台阶数进行复核,确保满足设计要求。

　　（2）在梯段上下口的梯梁上设置两组 20mm 垫片并抄平,铺 20mm 厚 M10 水泥浆找平层。标高要控制准确,水泥砂浆采用成品干拌砂浆。

　　（3）根据图纸,在楼梯洞口外的梁板上画出楼梯上、下梯段板安装控制线,在墙面上画出标高控制线。注意楼梯侧面与结构墙体间预留 30mm 空隙,为保温砂浆抹灰层预留空间。

(4) 预制楼梯起吊时,将吊索连接在楼梯平台的两端(必要时可以借助其他工具如钢扁担等,设置多个吊点),楼梯抬离地面约 300mm 时暂停,用水平尺检测、调整踏步平面的水平度,便于楼梯就位。

(5) 待构件平稳时匀速缓慢地将构件吊至靠近作业层上方 200mm 的安装位置暂停。施工人员手扶着楼梯调整方向,将构件的边线和梯梁上的位置控制轴线对齐,然后缓慢下放(图 4-38)。

图 4-38　预制楼梯的四点吊装

(6) 基本就位后用撬棍等微调楼梯板,然后校正标高直到位置正确。

(7) 将梁板现浇部分浇筑完毕后吊装楼梯并按照设计固定,吊装时搁置长度至少为 75mm。主体结构的叠合梁内预埋件和梯段板的预埋件通过机械连接或者焊接连接,然后一端直接在预留孔洞附近灌 M40 级灌浆料进行连接并用砂浆封堵(图 4-39),另一端则在预留孔洞上部采用砂浆封堵(图 4-40)。这样可以认为两端形成一端固定、一端滑动的连接。工程实际当中,如果有地震一类的偶然荷载,支座端的转动和滑动变形能力能满足结构层间位移的要求,从而可以保证梯段的完整性。

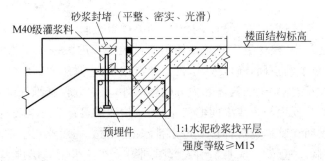

图 4-39　梯段固定端连接构造

砂浆封堵（平整、密实、光滑）

预埋件

楼梯段

楼面结构标高

空腔

锚头

图 4-40　梯段滑动端连接构造

4.7　装配式建筑内装

4.7.1　装配式建筑内装设计

在装配式建筑内部装修设计中，关键在于在建筑设计初期便全面考量，将内部装修所需各零部件的具体要求尽早同步到相关的研发、制造以及装配过程当中。举例来说，应依据装修及设备需求，提前在各类预制构件中预置相应的孔洞、沟槽，预埋必要的电气接口及悬挂装置，避免在零部件安装之后进行批量凿削和改造。务必舍弃以往内部装修与建筑设计相分离的传统建造方式，因为这会导致预制构件受损，从而影响内部装修效果。故此，装配式建筑应采用标准化的设计理念来指导内部装修设计流程。

装配式建筑内部装修标准化设计的重要原则是独立。管线、设备、吊顶等装修部件应具备相对独立的功能和结构，以利于各构件的检修和更换。例如，在住宅建筑设备管线的综合设计中，应特别注意套内管线，每套管线应做到户界分明。

装配式建筑内部装修标准化设计还需要做到灵活可变。现代社会生活模式转变较快，内装修构件本身的寿命也有限，这就要求内部装修具备一定的可变性和可扩展性。在设计的时候应考虑到各种模式共存的可能性，为各种不同的模式提供标准的接口，以便在同一种户型中做出不同的内部装修，也利于一定时间后进行相应的内部装修维修和改造。例如，装配式建筑的部件与公共管网系统连接、部件与配管连接、配管与主管网连接、部件之间连接的接口应标准化。

装配式建筑内部装修标准化设计，主要包括整体卫生间、整体厨房、天花吊顶、地板设施等。尤其在住宅建筑中，整体卫生间和整体厨房占内装修的大部分工作。卫生间和厨房做到集成一体化，可以节约空间，降低成本，提高建造效率，一举多得。整体卫生间和整体厨房都是独立的完整体系，独立于结构体和内分隔体之外，可以确保其维修或更换较为便利。它们对外的联系主要是处理与管线之间的关系，连接构造应设计为标准的统一接口，利于工业化生产。整体卫生间和整体厨房都涉及进水排水的问题。一般建筑中常采用的下层排水方式，布局受管道限制，一旦发生漏水易引发邻里纠纷。建议采用同层排水技术，让内部布局不再受下水口位置局限，实现管道独立。

整体卫生间是以装配式建筑的理念进行整体设计，通过工厂进行整体式生产，由制造商整体提供，通过专业施工团队整体安装，并由制造商提供整体售后服务的高度集成化的产品。其具体构成一般是通过一体化的防水底盘将围护墙体和顶板等托起形成一个独立的整体，内置各种定制洁具。

整体卫生间的内部空间设计如图 4-41 所示，主要部分可以拆分为六个模块：管道井、洗浴模块、如厕模块、盥洗模块、洗衣模块和出入模块。在建筑设计中，可以根据具体的户型平面通过不同的组合方式生成不同的平面布局方式，由于整体浴室采用同层排水，各模块的位置不会受到预留孔洞的限制，因此可以进行相对自由的布置。需要注意的是，随着人口老龄化的加剧，应当在每一个整体卫浴模块中考虑到适老化设计或是预留适老化改造空间。

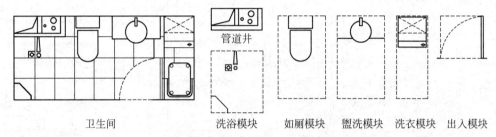

| 卫生间 | 洗浴模块 | 如厕模块 | 盥洗模块 | 洗衣模块 | 出入模块 |

图 4-41　住宅卫生间模块化示意图

整体卫生间是独立结构，不与结构体、分隔体等固定连接，但是需要在设计中预留安装尺寸。整体卫生间的设计通常以 300mm 为模数，常见的整体卫生间多为长方形平面，底盘尺寸宽一般为 1200mm 或 1500mm，长度一般为 1500mm、1800mm、2100mm、2400mm 或 2700mm。

厨房是进行炊事活动的空间，其设计好坏对居住质量的影响很大。布置厨房，首先需要考虑人在厨房活动中的操作习惯流程，其次要结合厨房空间大小、形状进行具体功能分区。通常情况下，按照操作流程顺序，厨房主要包括储存区、洗涤区、调理区和烹饪区。储存区为厨房内的食品储存、各类日常用厨具的储存提供空间，冰箱是其中最主要的设备。洗涤区主要用于食材和餐具的洗涤，同时也兼具储藏的功能。调理区主要用于厨房的准备工作，是主要操作区。烹饪区是厨房的核心空间，其中内置各类烹饪的工具和烘烤的食材，比如深底锅、平底锅、烹饪辅助工具等。

整体厨房是将建筑、环境、家具、电气、餐具、配件和照明等集成起来，共同构成烹调的环境空间。其具备厨房的基本功能需求，即洗涤、操作、烹饪和储存，根据基本的操作流程，将这四项功能相互配合，形成高效、合理的布局形式。将集成橱柜、燃气灶、吸油烟机、水槽、冰箱等产品根据性能、尺寸、使用年限相匹配的原则集成到整体厨房空间内，根据不同的住户需求，形成多样化的组合模式。

整体厨房的设计应符合标准化和模块化的理念。标准化指的是"在一定范围内获得最佳秩序，对现实问题或者潜在问题制定共同使用和重复使用的条款的活动"。整体厨房的标准化设计，既包含内部集成部品的标准化设计，也包括整体厨房本身轮廓尺寸、接线接管方式的标准化设计。整体厨房的模块化设计是将系统分解为相对独立的标准模块，通过统一的设计规则，规范各模块接口技术、几何形状、尺寸及位置等边界条件，使各模块在自身技术演进的同时，能够通过统一的接口条件组成新的系统。整体厨房主要包括储存、洗涤、操作和烹饪等基本功能模块，每个模块都由人的活动空间和与之对应的部品空间构成。整体厨房一般集成程度较高，占用面积较小，其内的空间组织模式一般可以归纳为如表 4-7 所示的四种类型：一字型、L 型、H 型和 U 型。

表 4-7　整体厨房模块组成方式

类型	说　明	模　块　组　合	平　面　示　意
一字型	主要模块呈一字型排列布局。适用于开敞式厨房		
L 型	主要模块呈 L 型排列布局。适用于进深较小的封闭式厨房		
H 型	主要模块呈 H 型排列布局。适用于带阳台的通道式厨房。橱柜布置于相对的两面墙上		
U 型	主要模块呈 U 型排列布局。适用于进深较大的封闭式厨房		

4.7.2　内装材料

1. 内装材料定义

　　室内装饰材料是指用于建筑物内部墙面、顶棚、柱面、地面等的笼罩材料,其基本特征包括颜色、光泽、透明性、表面组织、形状和尺寸、平面花饰装饰、立体造型、基本使用性质等。

　　随着科技进步,装饰材料正朝向绿色环保、复合型、兼具多种功能的趋势发展。这些装饰材料在种类和样式上不断更新,并发展出高强度纤维或聚合物与其他复合材料,以提升强度、减轻重量。例如,近年来广泛使用的铝合金型材、镁铝合金吊板、人造石材以及防火板等便是此趋势的实例。而在规格以及加工精度方面,装饰材料向着规格化、精度愈加精准和施工程序更加便利的方向发展。例如陶瓷墙地砖,过去普遍是小尺寸,现如今代之以 600mm×600mm、800mm×800mm,乃至 1000mm×1000mm 的大幅面砖。

因场地限制,诸多产品逐渐转向工厂化生产,如橱柜、衣柜、玻璃隔断墙及各类门窗现今大多采取由厂商负责制造与安装的形式。显然,工厂生产的产品在制作工序和品质方面更具优势。

2. 内装材料种类

市场上装修材料的种类繁多,按照装修行业的习惯大致上可以分为主材和辅料两大类。主材通常指的是装修中被大面积使用的材料,如木地板、墙地砖、石材、墙纸和整体橱柜、卫浴设备等;辅料可以理解为除了主材外的所有材料。按照材质的种类进行划分,装饰设计中最常用的材料品种分类见表 4-8。

表 4-8 内装材料分类

材料类别	材料种类
装饰板材	胶合板(夹板)、细木工板(大芯板)、防火板、铝塑板、密度板、饰面板、铝扣板、刨花板、三聚氰胺板、石膏板、实木板、矿棉板等
装饰陶瓷	釉面砖、通体砖、抛光砖、玻化砖、陶瓷锦砖(马赛克)等
装饰玻璃	钢化玻璃、玻璃砖、中空玻璃、夹层玻璃、浮法玻璃、热反射玻璃、夹丝玻璃、平板玻璃、压花玻璃、裂纹玻璃、热熔玻璃、彩色玻璃、激光玻璃、玻璃马赛克等
装饰涂料	乳胶漆、仿瓷涂料、多彩涂料、幻彩涂料、防水涂料、防火涂料、地面涂料、清漆、聚酯漆、防锈漆、磁漆、调和漆、硝基漆等
装饰织物与制品	地毯、墙布、窗帘、床上用品、挂毯等
装饰塑料	塑料墙纸、塑料管材、塑料地板等
装饰灯具	吊灯、吸顶灯、落地灯、台灯、壁灯、筒灯、射灯、园林灯等
装饰石材	大理石、花岗石、人造石、文化石等
装饰木地板	实木地板、复合木地板、实木复合地板、竹木地板等
装饰门窗	防盗门、实木门、实木复合门、模压门、塑钢门窗、铝塑复合门窗、铝合金门窗、新型木门窗等
装饰水电材料	电线、开关面板、PPR管、铜管、铝塑复合管、镀锌铁管、PVC管等
装饰厨卫用品	橱柜、水槽、坐便器、蹲便器、浴缸、水龙头、热水器、淋浴房、面盆、浴霸、地漏、卫浴配件等
装饰骨架材料	木龙骨、轻钢龙骨、铝合金龙骨等
装饰线条	木线条、石膏线条、金属线条等
装饰辅料	水泥、砂、钉、勾缝剂、各类胶黏剂、五金配件等

4.8 施工细部深化设计

4.8.1 概述

区别于传统建筑设计与施工(现浇)之间的流转模式,深化设计是在装配式建筑的设计基础上进行的二次设计,是预制生产、施工安装之前不可缺少的一个环节。

深化设计是将目前不甚完整的装配式建筑设计进行更深层次的分解、细化,要具体到每一块墙板、叠合板、叠合梁、预制柱等 PC 构件生产与安装图纸。要绘制出总的构件平面布置图(即总装配图)、各种 PC 构件生产图(含钢筋布置图,灌浆套筒、保温连接器、线盒、水电暖气管线及预留孔洞、装饰装修预埋管道与挂点、构件起吊吊点、构件安装斜撑固定点等各专业预留预埋布置图),达到指导预制生产和现场装配施工的目的和要求。

就目前而言,可以运用 BIM(building information modeling,建筑信息模型)技术,在 BIM 设计软件(例如 Autodesk Revit,下面均以欧特克的 Revit 为例进行深化设计的说明)中将各个 PC 构件模拟组装成一层或整栋装配式建筑,再嵌入已经建好的整个楼层的水电气等诸多管线和预留预埋件的模型。然后将这些管线和预留预埋件投影到每个构件面上的合理深度位置,经碰撞检查调整修改后,形成一张张完整的构件预制生产图。

在预制车间内,依据构件的既定生产图纸以及总体装配图,方可制定出相应的生产施工方案及顺序,从而为 PC 构件的预制提供全面的统筹安排。

这一系列工作正是装配式建筑中的 PC 构件深化设计的核心所在。除了可以解决装配式设计与零部件组装过程中可能出现的错误、遗漏等问题外,还能填补设计与实际施工间的空白。此外,借助模拟现场装配,可预防后期施工过程中的返修与切割修正。

深化设计是装配式建筑启动前的重要环节,其连接着装配式设计与施工两大领域。

4.8.2　准备工作

1. 人员配置、分工

由于装配整体式建筑设计与传统现浇建筑设计的最大区别在于建筑、结构、水电等各专业的高度融合,设计图纸的高度细化,与预制生产的紧密结合,所以组建的深化设计团队也要专业全面、配备齐全,并应满足 PC 工厂深化设计工作的需要。具体配置如下:

建筑专业设计工程师:1 人,负责建筑专业相关的图纸审核。

结构专业设计工程师:3 人,负责结构专业相关的图纸审核,进行各构件的结构设计。汇总各专业相关的深化图纸,绘制出生产图纸。

给水排水专业设计工程师:1 人,负责给水排水专业相关的图纸审核,并在构件的深化图纸上对相关预留预埋结构进行定位,绘制出详图。

暖通专业设计工程师:1 人,负责暖通专业相关的图纸审核,并在构件的深化图纸上对相关预留预埋结构进行定位,绘制出详图。

电气专业设计工程师:1 人,负责强电弱电专业相关的图纸审核,并在构件的深化图纸上对相关预留预埋结构进行定位,绘制出详图。

BIM 建模工程师:2 人,负责绘制建筑物的建筑(architecture)、结构(structure)、机电设备(MEP)模型,以及进行综合模型的碰撞检查。同时实现该项目参建各方的其他要求,如:设计优化模拟、现场装配模拟、3D 模拟、4D 模拟、5D 模拟等。

深化设计小组有一名设计负责人。

2. 硬件、软件介绍

1) 硬件与软件配置

当前深化设计中应用的 BIM 软件因为要进行大量的布尔运算,对电脑的硬件配置要求较高,推荐的最低配置为：Intel Core i5/8GB DDR3 内存/独立显卡（2GB 显存）/500GB（5200 转）,Win7 64 位操作系统。

如果需要进行较为复杂的建筑模型构建,建议使用更高性能的 BIM 工作站。当前流行的硬件、软件配置详见表 4-9、表 4-10。

表 4-9　BIM 工作站硬件配置

电　脑	主　要　配　置	数量
戴尔 Precision T7610 工作站	CPU：Inter(R)XeonCPUE5-2603 v2；内存：32GB；显卡：2× NVIDIA Quadro K5000(2×4GB)	2 台
戴尔 Precision M6800 移动工作站	CPU：酷睿 i7-4900MQ；内存：16GB；显卡：NVIDIA Quadro K4100M(4GB)	2 台
其他	不低于推荐配置	14 台

表 4-10　BIM 工作站软件配置

软件名称	版　　本	软件功能
Revit	2016	模型制作、工程量统计、3D/4D/5D 演示
Navisworks Manage	2016	碰撞检查、模拟施工、漫游、动画制作
PKPM	PKPM2010 v2.2	结构计算
AutoCAD	2016	图纸处理
3ds Max	2016	动画渲染

2）国外 BIM 软件介绍

(1) 欧特克公司（Autodesk）的 AutoCAD/Revit/Navisworks Manage 等系列软件是目前最常用的 BIM 软件,被广泛应用于工业设计与制造业、工程建设行业、传媒娱乐业。在设计、制图及数据管理中,拥有业界领先的三维设计解决方案。该系列软件模拟精度很高,完全可以满足当前的建筑设计需要。但软件运行对电脑内存要求很高。

(2) 奔特力公司（Bentley）系列软件。Bentley 的产品在工厂设计（石油、化工、电力、医药等）和基础设施（道路、桥梁、市政、水利等）领域有无可争辩的优势。

(3) 内梅切克公司（Nemetschek）的 ArchiCAD/AllPLAN/VectorWorks 系列软件是最早的一个具有市场影响力的 BIM 核心建模软件。Nemetschek 的另外两个产品：AllPLAN 主要市场在德语区,VectorWorks 在美国市场使用。

ArchiCAD 软件在建筑专业设计中可以做得很好。Nemetschek 公司于 2007 年收购 Graphisoft ArchiCAD。ArchiCAD 对电脑内存要求不高。

(4) 达索公司（Dassault）的 CATIA 系列软件是全球最高端的机械设计制造软件,在航空航天、汽车等领域具有接近垄断的市场地位。

3）国内 BIM 软件介绍

(1) 广联达已经建立起了由建筑 GCL、钢筋 GGJ、机电 GQI 或 MagiCAD（2014 年收购）、场地 GSL、全专业 BIM 模型集成平台——BIM5D 等软件组成的全过程 BIM 应用系统。

广联达通过 GFC（Global Foundation Class）接口,实现了 BIM5D 中 Revit 数据的单向导入,可快速对接算量软件。

(2) 鲁班研发了鲁班土建、鲁班钢筋、安装、施工、总体等一系列 BIM 软件。鲁班通过

Luban Trans-Revit 接口，实现鲁班软件中 Revit 数据的导入。

（3）PKPM 结构设计软件应用简便，各种需要的数据自动读取，生成计算结果直接输出，设计过程和计算过程能很好地结合。

（4）目前，国内最早实现算量全过程应用的是柏慕进业 1.0～2.0 BIM 标准化应用系统。

3. 深化设计依据

深化设计的依据主要包括两大方面：现行有效的设计规程、标准和图集等信息资料；由设计院出具并经审图部门审查批准的全套施工图纸。

在实施深化设计之前，需全面熟悉与理解现行的相关规程、标准及图集等内容，如有需要可展开针对性的学习与培训活动。此外，对业内广泛使用的各类拉结件、连接件以及辅件等产品的品种、特性及相关参数都应有深入的了解。

深化设计涉及的相关规程、标准、图集见表 4-11。

表 4-11　相关规程、标准、图集清单

序号	名　　称	编　　号
1	装配式混凝土结构技术规程	JGJ 1—2014
2	钢筋机械连接技术规程	JGJ 107—2016
3	钢筋连接用灌浆套筒	JG/T 398—2019
4	钢筋连接用套筒灌浆料	JG/T 408—2019
5	钢筋套筒灌浆连接应用技术规程	JGJ 355—2015
6	建筑工程施工质量验收统一标准	GB 50300—2013
7	混凝土结构工程施工质量验收规范	GB 50204—2015
8	混凝土结构设计规范（2015 版）	GB 50010—2010
9	国家建筑标准设计图集	15GXXX（共计 9 本）

4.8.3　深化设计流程

在深化设计方面，主要有两类组织架构：一种是由预制生产企业自行组织研发及设计团队进行深度设计并经原设计单位审核确认后应用；另一种则是聘请有深化设计实力的原设计机构或其他公司代为完成该任务。

设计单位提供的一套经过审图办审核盖章的正规施工图纸应包含的内容见表 4-12。

表 4-12　施工图纸清单

序号	图纸名称	图纸签发
1	总目录	会签
2	建筑施工图	设计院资质章、图审章、注册建筑师资质章、会签
3	结构施工图	设计院资质章、图审章、注册结构师资质章、会签
4	给水排水施工图	设计院资质章、图审章、会签
5	电气施工图	设计院资质章、图审章、会签
6	设备施工图	设计院资质章、图审章、会签
7	装配式专项说明	设计院资质章、图审章、注册结构师资质章、会签

在此,我们详细介绍应用 BIM 软件辅助进行深化设计的流程。

在建模之前,应建立符合企业自身情况的 BIM 标准,例如软硬件标准、数据管理标准、族库标准、建模标准、命名标准、出图标准等,来规范各个专业的设计。

1. 建立辅助件族库

根据构件所需各类辅助件类型、各供应商的产品参数创建各类辅助件模型,如:水电管线、各种线盒、桁架钢筋、钢筋连接套筒、三明治墙板拉结件、构件吊点、斜支撑等各类族库(图 4-42)。

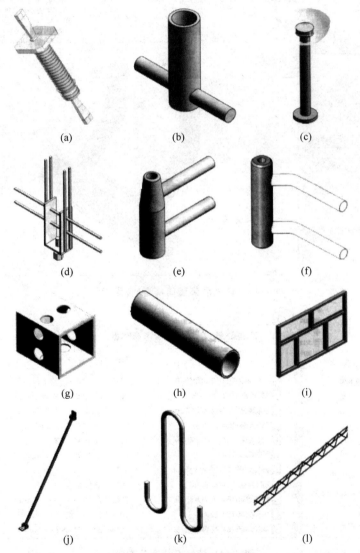

(a) (b) (c)

(d) (e) (f)

(g) (h) (i)

(j) (k) (l)

图 4-42 辅助件族库示意图

(a) Thermomass 保温连接器;(b) 内螺旋吊件;(c) 圆头吊钉;(d) 外挂墙板连接件;

(e) 铸铁灌浆套筒 GTB4-12-A(带灌浆管);(f) 钢制灌浆套筒 GT12(带灌浆管);(g) 86 型线盒;

(h) PVC 线管;(i) 窗户;(j) 斜支撑;(k) U 型吊环;(l) A80 桁架钢筋

一个族文件中还包含一个或多个更小的族文件"嵌套族",例如钢筋连接套筒中的灌浆管。

根据水电管线、线盒、桁架筋、套筒等各类辅助件的尺寸绘制 3D 模型,将同类型的模型放置在同一个族库中。每个模型命名原则为"名称＋型号",如:钢筋套筒 GTB4-16-A。详见图 4-43、图 4-44。

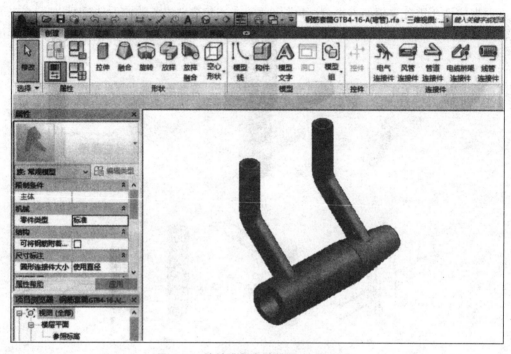

图 4-43　铸铁灌浆套筒模型(含灌浆管)

图 4-44　铸铁灌浆套筒族库

2. 绘制构件模型(构件族)

建筑模型由多种 PC 构件组成,构件的结构也各不相同,尺寸不一。为了方便深化设计,在 Revit 软件中采用"族"的形式,根据现有图集建立各类构件族库。

目前,装配式建筑常用的预制构件有叠合板、楼梯、内墙(实心墙、夹心墙)、外墙(剪力墙、非剪力墙)、外挂墙板、柱、梁、空调板、阳台、女儿墙等(图 4-45、图 4-46)。在建筑物建模前,需要建立以上构件的族库。

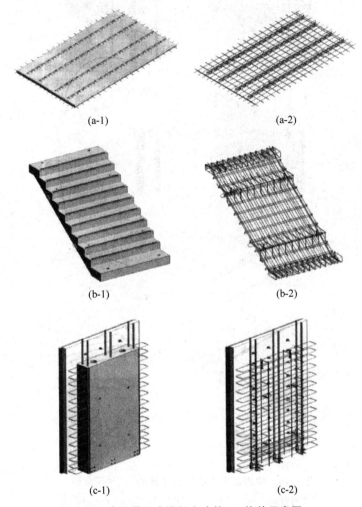

(a-1)　　　　　　　　　　　　　　(a-2)

(b-1)　　　　　　　　　　　　　　(b-2)

(c-1)　　　　　　　　　　　　　　(c-2)

图 4-45　常用装配式混凝土建筑 PC 构件示意图一

(a-1) 双向叠合板;(a-2) 双向叠合板透视图;(b-1) 楼梯;(b-2) 楼梯透视图;(c-1) 剪力墙板;(c-2) 剪力墙板透视图

在深度设计阶段,优先采用构件族库中的现有族群。若无可选择族群,可对相近者进行调整或构建全新族群文件,以便纳入相应族库。

族库的完成与充实将大大提高建模效率。伴随着装配式建筑设计能力的提高,预制构件标准化设计将得以实现,届时构件种类将逐步稳定,更适用于工业生产。

3. 建立标准层的各专业模型

由于施工阶段可暂时不考虑建筑做法,所以在深化设计过程中不用建立 Revit Architecture (建筑)模型。

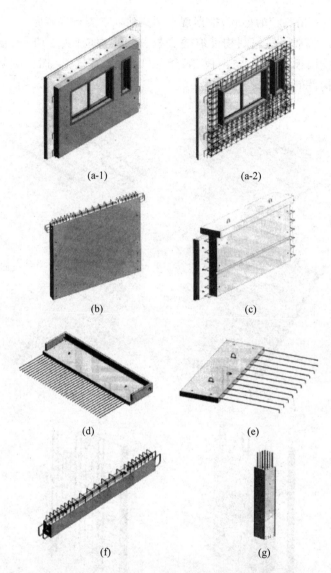

图 4-46 常用装配式混凝土建筑 PC 构件示意图二

(a-1) 非剪力墙外墙板；(a-2) 非剪力墙外墙板透视图；(b) 内墙板；
(c) 女儿墙；(d) 雨棚；(e) 空调板；(f) 叠合梁；(g) 预制柱

根据结构施工图，绘制组合 Revit Structure(结构)模型(图 4-47、图 4-48)，再根据电气、给水排水、消防、避雷等各专业施工图，绘制标准层的 Revit MEP 中的机械、电气、给水排水(图 4-49)等模型。

深化设计阶段需充分考虑辅助结构的实际工况和空间位置，在结构模型中嵌入辅助结构模型，精准定位预埋件的坐标。

辅助结构包括：塔吊和电梯附着、测量孔、临时通道、吊装平台、外挂架、叠合板竖向支撑、内外墙斜向支撑、现浇部分模板固定件等。

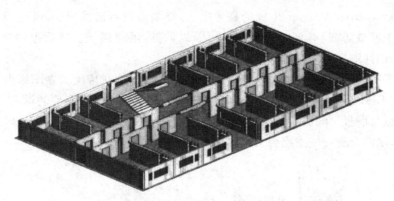

图 4-47 标准层结构模型（未盖叠合板）

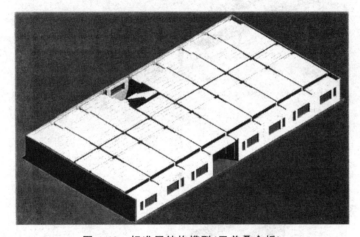

图 4-48 标准层结构模型（已盖叠合板）

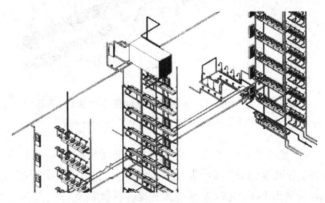

图 4-49 整栋楼给水排水模型（局部）

4. 组合碰撞

将已建成的各个专业 Revit 模型组合嵌入一个完整的建筑模型，导入 Navisworks Manage 中进行碰撞检查。软件会显示出碰撞位置、相互碰撞的项目 ID 和坐标。

根据 Navisworks Manage 生成的碰撞报告,详细地进行碰撞分析,确定必须调整的硬性碰撞。对于轻微碰撞,有调整空间的也应予以调整,消除碰撞。然后返回到 Revit 模型中,对可调的硬性碰撞点逐个进行修改调整。

设计过程中的结构、钢筋、管线、预埋件之间存在的碰撞在传统二维图纸中是不易发现的,但在应用 BIM 技术后能够非常轻易地发现,可以减少施工中不必要的返工。

如叠合板与墙板之间的预留筋经常存在碰撞现象(图 4-50),若不采用 BIM 技术进行碰撞优化调整,则叠合板安装进度会大大降低。

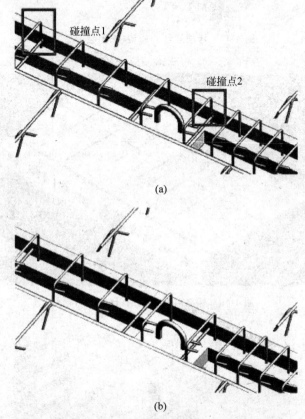

(a)

(b)

图 4-50 叠合板与墙板预留钢筋碰撞设计优化(局部)

(a) 优化前碰撞检查;(b) 优化后的检查核实

碰撞检查的另一个重点是:建立辅助结构模型,进行模拟安装。找出碰撞位置后,优化调整,确定辅助结构的精确坐标,进而绘制出辅助结构布置详图,用于指导现场安装。

例如:根据模拟安装时的墙板斜支撑碰撞报告,调整斜支撑两端固定点的坐标,改变其几何位置和走向,达到相互避让的目的(图 4-51)。

5. 优化后再次碰撞

BIM 工程师利用 Navisworks Manage 软件发现模型中的碰撞点,用 Revit 软件对结构、机电(电气、给水排水、消防、弱电等)等模型进行调整优化,然后再次把调整后的模型导入 Navisworks Manage 进行碰撞测试。

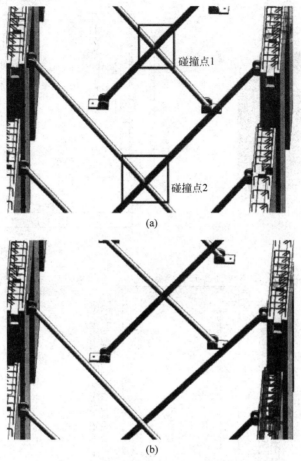

图 4-51　墙板斜支撑碰撞设计优化

(a) 优化前碰撞检查；(b) 优化后的检查核实

有些碰撞是可以忽略的，例如预留预埋、管线接头等嵌入类型的结构就没必要修改，虽然往往会显示为碰撞点。

碰撞检查与优化调整是一个反复进行的过程，通过不断优化模型和碰撞检测，就可以实现理想状态下的"零"碰撞。

6. 出图

运用 BIM 技术对建筑模型进行反复的碰撞测试和修改，最终经过建筑模型"零"碰撞检测合格后，利用 Revit 软件导出每个构件的 CAD 图纸，然后再使用 CAD 软件进行调整出图（图 4-52）。也可绘出 PC 构件 3D 图、平面图、立面图、剖面图、钢筋布置图、预埋件布置图、节点大样图、综合管线图等施工图，达到三维技术交底，指导构件预制生产、装配安装的目的。

7. 开模

PC 构件生产图经复核无误后，进行开模，即模具的设计与制造。

模具设计需要考虑以下因素：①模具的尺寸应符合《装配式混凝土结构技术规程》(JGJ 1—

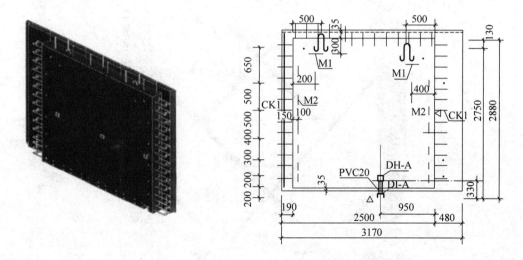

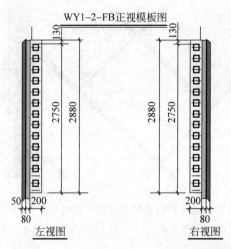

图 4-52　构件生产图纸示例

2014)以及地方标准的相关要求；②模具的刚度应满足至少 200 次循环使用；③模具表面的平整度应满足验收标准要求；④模具的安装拆卸应安全、方便；⑤应在满足生产工艺要求基础上进行模具设计，如三明治外墙板有"正打"和"反打"之分，所以有"正打""反打"两种不同的模具设计。

8. 试生产与验证

正式投产之前须开展试生产以进一步优化设计方案，其间有关各方应共同参与，确保深化设计合理且能够实现。

同时，试生产有助于检验模具的操作可行性，经过对模具优化校正，将有助于提升 PC 构配件的生产效率。

经过对试生产构件的严格质量检测，达到设计规范及验收标准后方能正式进入批量生产阶段。

本章小结

本章主要介绍了装配式建筑结构的各部分施工流程和方案以及施工管理需注意的事项,由整体施工组织设计至施工细部深化设计,阐述了装配整体式混凝土结构施工的具体要求与传统建筑施工存在较大的不同点。总的来说,我国装配式结构构件的预制和安装施工尚处于不断完善之中,还需要进一步加深研究和在推广应用中总结提高,相信装配式混凝土建筑一定会得到更好的完善,成为我国有特色的新型装配建筑形式。

复习思考题

4-1 阐述装配式建筑施工组织设计的基本内容和要求。

4-2 阐述装配式建筑施工的主要工艺流程及施工总体进度的编制要点。

4-3 阐述预制构件的连接施工主要流程和注意事项。

4-4 阐述叠合梁、板安装施工的工艺流程和注意事项。

4-5 装配式建筑内装设计需注意哪些地方?内装设计需遵循的重要原则是什么?

4-6 施工细部深化设计需进行哪些工作?

第 5 章

装配式施工进度、质量、安全管理

5.1 装配式混凝土结构常见质量问题

5.1.1 现场质量监管与管理概述

由于装配整体式混凝土结构项目施工涉及面宽泛,是一个极为复杂的综合过程,具有施工周期长、位置固定、生产流动、结构类型多样、质量要求各异、施工方法不一、受自然条件影响大等特点,因此,装配整体式混凝土结构施工项目的质量与普通的工业品相比更难控制。主要表现在以下两方面:

1)影响质量的因素多

如预制构件上建筑、结构、水电暖通、弱电设计集成状况、材料选用、机械选用、地形地质、水文、气象、工期、管理制度、施工工艺及操作方法、技术措施、工程造价等均直接影响施工项目的质量。

2)容易产生质量变异

由于在装配整体式混凝土建筑工程中,尽管已有一条定型的自动化生产线,有规范的生产程序、完善的检测技术、完善的生产设备,以及相对稳定的生产环境,因此,生产的产品都是成系列的,但是,仍有许多现浇结构和装修湿工作,以及后期的终端装置的安装工作,均需在工地上进行,极易出现质量偏差。

5.1.2 装配整体式混凝土结构质量管理组织措施

1. 以人的工作质量确保工程质量

项目的质量是由组织者、指挥者和具体操作人员共同达成的,其中人的素质、责任心、事业心、质量观、专业能力和技术水平都对项目的质量产生直接的影响。而管理的动因就是充分发挥人的主观能动性,使其在管理中起主导性的作用。要保证施工质量,必须强化劳动纪律,加强职业道德教育,加强专业技术培训,完善岗位责任制,改善劳动条件。

2. 严格控制投入材料的质量

每一个项目的建设都需要投入很多的原材料、成品、半成品、构配件,对以上各类物资要进行严格的检查验收控制,对其进行恰当的利用,并在收、发、储、运等各个方面进行技术管理,防止不合格的材料用于工程。因此,要对投入品的订购、采购、检验、验收、取样、测试等各个环节实行全方位的控制,从组织货源、选择供货厂家,到使用认证,尤其是预制构件和部品,都要采用经过当地权威机构认证的产品,层层把关。

3. 全面控制施工过程,重点控制工序质量

每一项工程都是由多个分项、分部工程构成的,要保证整个工程的质量,实现总体最优化,就需要对施工全过程进行全方位的控制,保证每个分项、分部工程都能满足质量要求,并且每个分项、分部工程都是经过一个又一个工序进行的,对每一道工序进行事前规划、事中控制、事后检查,实现全施工工序的无缝管理。

4. 机械控制

机械控制涉及施工机械设备及工具的控制,要针对不同的工艺特性及工艺需求选择符合标准的机械设备,以保证工程质量;对机器设备进行正确的使用、管理和维护。要做到这一点,就必须完善"人机固定"系统、"操作证"制度、岗位责任制、交接班制度、"技术保养"制度、"安全使用"制度以及机械设备检验制度,以保证机械设备发挥最优性能。

5. 施工方法控制

施工方法控制主要指施工组织设计、专项施工方案、施工工艺、施工技术措施等。要根据工程的具体情况,对施工过程中所采用的施工方案进行充分的论证,妥善处理施工中的问题,在确保质量的前提下,加快进度,降低成本,达到技术先进、技术合理、环境和谐的目的,从而极大地提高工程的质量。

6. 环境控制

建筑工程质量受多种环境因素的影响,有工程技术环境,如工程地质、水文、气象等;有工程管理环境,如工种配合、工作地点等。环境因素对质量的影响是非常复杂和多变的。例如,天气状况是多种多样的,温湿度、大风、暴雨、酷暑和严寒等都会对工程的质量产生直接的影响。再如,上一个工程通常是下一个工程的环境,而前面的小项目、分部工程也是下一个项目的环境。为此,应针对项目的特性及特殊情况采取切实有效的措施,严格控制施工过程中的质量问题。特别是在工地上,要营造出一个文明施工和文明生产的氛围,让预制件零件有充足的堆放场地,其他的材料工件也要摆放得整整齐齐,道路通畅,工作地点干净整洁,施工工序井然有序,为保证质量和安全创造一个有利的环境。

5.1.3 预制构件生产过程质量组织与管理

预制件的质量前置管理是保证预制构件质量的一个重要条件,所以,在没有关于预制件制造商的具体要求时,施工总承包单位和监理企业应该驻场监督,对预制构件企业的质量管

理体系和正常运行进行检查,对预制构件的原材料、配件,混凝土制作成型过程,成品实物质量以及相关质量控制资料等进行检查。

1. 预制构件生产企业质量行为控制要点

(1) 预制构件生产企业是否具有规定资质。根据住建部最新要求,预制构件生产企业应有预拌混凝土生产资质。

(2) 预制构件生产企业是否具备必要的生产工艺、生产设备和检测设备。

(3) 预制构件生产企业是否具备必要的原材料和成品堆放场地,成品保护措施落实情况。

(4) 预制构件生产制作质量保证体系是否符合要求。

(5) 预制构件生产制作方案编制、技术交底制度是否落实。

(6) 原材料和产品质量检测检验计划是否落实。

(7) 混凝土制备质量管理制度及检验制度落实情况。

(8) 预制构件制作质量控制资料收集整理情况。

2. 预制构件生产过程质量检查要点

1) 原材料及混凝土质量检查要点

(1) 水泥、砂、石、掺合料、外加剂等质量合格证明文件及进厂复试报告。

(2) 钢筋、钢丝焊接网片、钢套筒、金属波纹管的质量合格证明文件及进厂复试报告。

(3) 钢套筒或金属波纹管灌浆连接接头的型式检验报告;钢套筒与钢筋、灌浆料的匹配性工艺检验报告。

(4) 钢模板质量合格证明文件或加工质量检验报告。

(5) 混凝土配合比试验检测报告。

(6) 保温材料、拉结件质量合格证明文件及相关质量检测报告。

(7) 门窗框、外装饰面层及其基层材料的质量合格证明文件及相关质量检测报告。

(8) 预埋管、盒、箱的质量合格证明文件及相关质量检测报告。

2) 构件制作成型过程质量控制要点

(1) 钢筋的品种、规格、数量、位置、间距、保护层厚度等质量控制情况。

(2) 纵向受力钢筋焊接或机械连接接头的试验检测报告;纵向受力钢筋的连接方式、接头位置、接头质量、接头面积百分率、搭接长度等,箍筋、横向钢筋构造等质量控制情况。

(3) 钢套筒或金属波纹管及预留灌浆孔道的规格、数量、位置等质量控制情况。

(4) 预埋吊环的规格、数量、位置等质量控制情况。

(5) 预埋管线、线盒、箱的规格、数量、位置及固定措施;预留孔洞的数量、位置及固定措施。

(6) 混凝土试块抗压强度试验检测报告。

(7) 夹心外墙板的保温层位置、厚度,拉结件的规格、数量、位置等。

(8) 门窗框的安装固定质量控制情况。

(9) 外装饰面层的黏结固定质量控制情况。

(10) 构件的标识位置情况。

3．预制构件成品质量检查要点

（1）混凝土外观质量及构件外形尺寸质量检查情况。

（2）预留连接钢筋的品种、级别、规格、数量、位置、外露长度、间距等质量检查情况。

（3）钢套筒或金属波纹管的预留孔洞位置等质量检查情况。

（4）与后浇混凝土连接处的粗糙面处理及键槽设置质量检查情况。

（5）预埋吊环的规格、数量、位置及预留孔洞的尺寸、位置等质量检查情况。

（6）水电暖通预埋线盒、线管位置及预留孔洞的尺寸、位置等质量检查情况。

（7）构件的结构性能检验报告检查情况。

4．构件运输过程中的保护措施

预制件及部品在工厂加工或工地建造时，人们常忽略其在运输过程中可能出现的破损、裂缝等问题，如运输颠簸、吊装对预制件及部品的影响等，导致预制件及部品开裂、破损，故需强化对预制件及部品的搬运防护措施，以最大限度地降低乃至消除其在运输中的损伤与损害。

5.1.4　预制构件进场验收质量控制要点

1．预制构件进场验收

预制构件进入工地后，在显著位置进行检验，确认其生产单位、零件编号、制造日期，以及质量验收标记。预制件的预埋件、插筋、预留孔的尺寸、位置、数量等，都要按照规范图纸或分段设计来确定。产品合格证、产品说明书及其他有关品质证明文件应与产品一致。

2．预制构件的外观质量

检查预制构件外观有无一般性质量问题。对于已发生的一般性质量问题，按照合同规定和工艺规程进行处理，并再次进行检验和验收。检查预制构件外观质量有无重大瑕疵，如有，则作退回或报废处理。

预制构件外观质量判定方法见表 5-1。

表 5-1　预制构件外观质量判定方法

项目	现　象	质量要求	判定方法
孔洞	混凝土中孔穴深度和长度超过保护层厚度	不应有	观察
夹渣	混凝土中夹有杂物且深度超过保护层厚度	禁止夹渣出现	观察
露筋	钢筋未被混凝土完全包裹而外露	受力主筋部位不应有，其他构造钢筋和箍筋允许少量出现	观察
蜂窝	混凝土表面石子外露	受力主筋部位和支撑点位置不应有，其他部位允许少量出现	观察

项目	现　　象	质量要求	判定方法
内、外形缺陷	内表面缺棱掉角、表面翘曲、抹面凹凸不平，外表面面砖黏结不牢、位置偏差、面砖嵌缝没有达到横平竖直、转角面砖棱角不直、面砖表面翘曲不平	内表面缺陷基本不允许，要求达到预制构件允许偏差；外表面仅允许极少量缺陷，但禁止面砖黏结不牢、位置偏差，面砖翘曲不平不得超过允许值	观察
内、外表面缺陷	内表面麻面、起砂、掉皮、污染，外表面面砖污染、窗框保护纸破坏	允许存在少量不影响结构使用功能和结构尺寸的缺陷	观察
连接部位缺陷	连接处混凝土缺陷及连接钢筋、拉结件松动	不应有	观察
破损	影响外观	影响结构性能的破损不应有，不影响结构性能和使用功能的破损不宜有	观察
裂缝	裂缝贯穿保护层到达构件内部	影响结构性能的裂缝不应有，不影响结构性能和使用功能的裂缝不宜有	观察

5.1.5　预制构件安装过程的质量控制和管理

1. 装配整体式混凝土结构安装常见质量通病

（1）预制墙板、预制挂板轴线偏差超过标准，预制构件的尺寸偏差超过标准，均会导致安装就位困难。

（2）吊装缺乏统筹考虑，造成构件连接可靠性不足；构件安装时吊点设置不当，操作起吊时机不当、安装顺序不对，造成个别构件安装后出现质量问题。以上问题导致构件安装精度差。

（3）连接钢筋位移，造成上下构件对接安装困难，影响构件连接质量。

（4）墙、柱找平垫块放置随意，造成墙板或柱安装不垂直。

（5）预制构件龄期达不到要求就安装，造成构件边角损坏。

（6）节点灌浆质量不高、灌浆不密实、漏浆等，影响连接效果，造成质量隐患。

2. 预制构件与后浇混凝土之间存在的质量通病

（1）后浇部分模板周转次数过多，板缝较大、不严密，易漏浆，尤其节点处模板尺寸的精确性差，连接困难，后浇混凝土养护时间不足就拆卸模板和支撑，造成构件开裂，影响观感和连接质量。

（2）预制墙板与相邻后浇混凝土墙板缝隙及高差大、错缝等，连接处缝隙封堵不好，影响观感和连接质量。

（3）预制叠合楼板和叠合墙板因外力开裂，叠合楼板之间连接缝开裂，外墙挂板裂缝，外墙挂板之间缝隙开裂，内隔墙与周边连接处裂缝，均会影响结构整体受力，也影响美观和防渗漏效果。

3. 安装质量控制措施

在承受内力的接头和拼缝的混凝土强度没有达到设计要求的情况下,严禁起吊上部结构件;在设计中没有特别说明的情况下,上部结构件必须在混凝土强度达到75%以上或有充分的支撑后才能进行安装。已安装的各层混凝土构件,在其混凝土强度达到设计要求之前,不能承担所有的设计荷载。

5.1.6 轻质条板隔墙质量验收及运输、堆放

(1)轻质条板进场时应提供产品合格证和产品性能检测报告,并对进场材料全面进行外观检查。

(2)轻质条板全部要密闭打包,应采用侧立并加垫的方式装车运输,不能损坏部件,条板不能开裂、缺棱、掉角,在场地内的运输都要用合成纤维吊装带进行。根据产品的规格分类堆放,放置于托板上,并有防潮措施。

5.1.7 钢筋工程质量控制要点

(1)装配整体式混凝土结构后浇混凝土内的连接钢筋应埋设准确,连接与锚固方式应符合设计和现行有关技术标准的规定。

(2)预制构件连接处的钢筋位置应符合设计要求。

(3)应采用可靠的固定措施控制连接钢筋的外露长度,以满足钢筋与钢套筒或金属波纹管的连接要求。

5.1.8 现浇工程中模板工程质量控制要点

(1)模板与支撑应具有足够的承载力、刚度,稳固可靠,应符合深化和拆分设计要求,符合专项施工方案要求及相关技术标准规定。

(2)尽量使用刚度好、外观平整的铝合金模板、钢模板和塑料模板及支撑系统,使后浇结构与预制构件外观观感一致、平整度一致。

(3)模板与支撑安装应保证工程结构构件的各部分形状、尺寸和位置准确,模板安装应牢固、严密、不漏浆,采取可靠措施防止模板变形,便于钢筋敷设和混凝土浇筑。

(4)装配整体式混凝土结构中后浇混凝土结构模板的偏差应符合表5-2的规定。

表5-2　模板安装允许偏差及检验方法

项　目		允许偏差/mm	检验方法
轴线位置		5	尺量检验
底模上表面标高		±5	水准仪或拉线、尺量检验
截面内部尺寸	柱、梁	4,−5	尺量检验
	墙	4,−3	尺量检验
层高垂直度	不大于5m	6	经纬仪或吊线、尺量检验
	大于5m	8	经纬仪或吊线、尺量检验
相邻两板表面高低差		2	尺量检验
表面平整度		5	用2m靠尺和塞尺检验

注:检验轴线位置时,应沿纵横两个方向量测,并取其中的较大值。

（5）模板拆除时,宜采取先拆非承重模板、后拆承重模板的顺序。水平结构模板应由跨中向两端拆除,竖向结构模板应自上而下拆除。

（6）叠合构件的后浇混凝土同条件立方体抗压强度达到设计要求时,方可拆除模板及下面的支撑系统;当设计无具体要求时,同条件养护的后浇混凝土立方体抗压强度应符合表 5-3 的规定。

表 5-3　模板与支撑拆除时的后浇混凝土强度要求

构件类型	构件跨度/m	达到设计混凝土强度等级值的百分率/%
板	≤2	≥50
	>2,≤8	≥75
	>8	≥100
梁	≤8	≥75
	>8	≥100
悬臂构件		≥100

（7）预制柱或预制剪力墙板采用的斜钢板支撑,应在连接节点和连接接缝部位后浇混凝土或灌浆料强度达到设计要求后拆除;当设计无具体要求时,后浇混凝土或灌浆料应达到设计强度的 75% 以上方可拆除,且在上部构件吊装完成后拆除。

5.1.9　后浇混凝土工程质量控制要点

（1）浇筑混凝土前,应对隐蔽项目进行现场检查与验收。验收项目应包括下列内容:

① 混凝土粗糙面的质量,键槽的规格、数量、位置。

② 预留管线、线盒等的规格、数量、位置及固定措施。

（2）混凝土浇筑完毕后,应按施工技术方案要求及时采取有效的养护措施。

① 叠合层及构件连接处后浇混凝土的养护应符合规范要求。

② 混凝土强度达到 1.2MPa 前,不得在其上踩踏或安装模板及支架。

（3）混凝土冬期施工应按现行规范《混凝土结构工程施工规范》（GB 50666—2011）、《建筑工程冬期施工规程》（JGJ/T 104—2011）的相关规定执行。

（4）叠合构件混凝土浇筑时,应采取由中间向两边的方式。

（5）叠合构件混凝土浇筑时,不应移动预埋件的位置,且不得污染预埋件外露连接部位。

（6）叠合构件上一层混凝土剪力墙的吊装施工,应在与剪力墙整浇的叠合构件后浇层达到足够强度后进行。

5.1.10　围护结构中保温层质量验收要求

在装配式混凝土结构工程设计中,要按照住宅和公用建筑的性质对围护结构中保温层的质量进行检验,并要符合国家和当地的建筑节能标准。

1. 预制构件保温层的要求

（1）预制构件的保温层进场验收,主要是对预制构件中的保温材料的品种、规格、外观和尺寸进行检查验收,其内在质量则需检查各种技术资料获得。

(2)预制构件如是保温夹心外墙板,墙板内的保温夹心层的导热系数、密度、抗压强度、燃烧性能应满足国家或地方的建筑节能要求。

(3)夹心外墙板中内外叶墙板的金属及非金属材料拉结件均应具有规定的承载力、变形和耐久性能,并应经过试验验证;拉结件应满足夹心外墙板的节能要求,避免出现热桥。

(4)对夹心外墙板,应绘制内外叶墙板的拉结件布置图及保温板排板图,并有隐蔽验收记录。

2. 现浇结构部分保温层验收要求

对于现浇结构部分保温层,如地下室外围护结构、地上部分围护结构无预制构件所在楼层的保温层验收,应根据《建筑节能工程施工质量验收标准》(GB 50411—2019)的要求,验收实体质量。

5.2　施工过程质量控制

5.2.1　基本要求

施工质量控制是在清晰的质量政策的指引下,通过计划、实施、检查和不断改善的方式,对施工质量目标的事前控制、事中控制和事后控制的系统性的过程控制。针对装配式混凝土结构的施工特征,从质量文件审核、现场质量检验等几个方面着手,使以上三个环节相互补充,达到对全过程质量进行动态监控的目的,实现质量管理与质量控制的不断改善。

装配式结构施工的质量控制主要是通过部件的制造和安装两个阶段进行的,对于质量控制和施工质量验收,已经有了比较完备的相关标准,但是,对套筒灌浆等关键工序的质量检查仍然以过程控制为主要手段,这就需要监理加强对施工过程的监督,同时还要对专业的施工作业班组进行进一步的组织与培训,建立标准化的施工作业流程。就总承包企业而言,采用较为粗放的“以包养管”模式,已无法适应工程项目建设过程中对质量管理系统的控制需求。相比预制构件的制造质量和吊装质量,采用标准化的模板、完善的专业施工规范是非常必要的。

5.2.2　构件吊装施工质量控制

装配式混凝土结构主要预制构件吊装施工时的质量控制说明如下:

1. 预制柱

(1)预制柱运入现场后,需对其外观和几何尺寸等项目进行检查和验收。构件检查的项目包括规格、尺寸以及抗压强度等。同时观察预制柱内的钢筋套筒是否被异物填入堵塞。检查结果应记录在案,签字后生效。

(2)根据施工网准确画线,以控制预制柱准确安放在平面控制线上。若需进行钢筋穿插连接,还要对预留钢筋进行微调,使预留钢筋可顺利插入钢筋套筒。

(3)预制柱在起吊前,应选择合适的吊具、钩索,并确保其承受的最小拉应力为构件本身重量的 1.5 倍。为便于校正预制柱的垂直度,还应于起吊前在预制柱四角安放金属垫块,并使用经纬仪辅助调节柱的垂直度。

（4）当预制柱吊装到位时,工人可以用手撑起柱子,将里面的钢筋套管导向到预留钢筋上进行测试,待施工人员确认无误后,才可以慢慢地将预制柱放置好,并保证预留钢筋能够顺利地嵌入钢筋套管中,并且将导向柱的底部与平面控制线对齐。如果有微小的偏差,可以用橡皮锤、扳手等工具敲打立柱,将其准确定位(图 5-1)。

（5）预制柱就位后可通过灌浆孔灌注混凝土,以及采用螺栓固定的方式对柱子进行固定。固定过程中仍需要控制预制柱位置,避免柱子在力的作用下错位。

（6）预制柱吊装完成后填写安装质量记录和检查表。

2. 预制梁

（1）预制梁运入现场后应对其进行检查和验收,主要检查构件的规格、尺寸、抗压强度以及预留钢筋的形状、型号是否满足设计要求。

（2）利用经纬仪、钢尺和卷尺等测量仪器,按图纸绘制控制轴线。同时,要注意横梁下的支架,看看支架的支撑高度与控制轴的位置是否一致,如果高度不够或者超过了控制轴,则要进行微调。

（3）预制梁吊装过程中,在离地面 200mm 处对构件水平度进行调整,需控制吊索长度,使其与钢梁的夹角不小于 60°(图 5-2)。

图 5-1 预制柱校正

图 5-2 预制梁吊装

3. 预制叠合楼板

（1）预制叠合楼板运入现场后应对其进行检查和验收,主要检查构件的规格、尺寸以及抗压强度是否满足项目要求。

（2）根据设计图,利用经纬仪、钢线和卷尺等测量仪器,在预制好的梁板上画出各层的控制轴线。另外,还要对底板下的支承体系进行检查,看它的支承高度和控制轴的位置是否一致,如果高度不够或者超过了控制轴,则要进行微调。支架是垂直支承体系,一般包括有承插盘扣式脚手架和可调节顶托。

（3）预制叠合楼板应顺序吊装,不可间隔吊装,吊装时吊索应连接在楼板四角,保证楼板处于水平状态,并在楼板离开地面200mm左右时对其水平度进行调整(图5-3)。

(4)楼板下放时,应将楼板预留筋与预制梁的预留筋的位置错开,缓慢下放,准确就位。吊装完毕后对楼板位置进行调整或校正,误差控制在2mm以内。最后利用支撑工具,在固定楼板的同时调整其标高(图5-4)。

图5-3　预制楼板校正

图5-4　预制楼板吊装

4. 预制楼梯与阳台板

(1)预制楼梯及阳台板运入现场后,对其进行检查与验收,主要检查构件的尺寸、梯段、台阶数以及抗压强度是否满足项目要求。

(2)根据图纸,在楼梯间的预制梁上运用经纬仪、钢尺、卷尺等测量工具画出楼板的控制轴线。同时检查支撑工具,查看其支撑高度是否与控制轴线平齐,若高度不足或超出控制轴线,需对其进行微调。

(3)预制楼梯吊装时,将吊索连接在楼梯平台的四个端部,以保证楼梯处于水平状态,并在楼梯离开地面200mm左右时用水平尺检测其水平度,通过吊具进行调整(图5-5)。

(4)楼梯下放时,应将楼梯平台的预留筋与梁箍筋相互交错,缓慢下放,保证楼梯平台准确就位,再使用水平尺、吊具调整楼梯水平度。吊装完毕后可用撬棍对楼梯位置进行调整校正,将误差控制在2mm以内。最后利用支撑系统,在固定楼梯的同时调整其标高(图5-6)。

图5-5　预制楼梯吊装

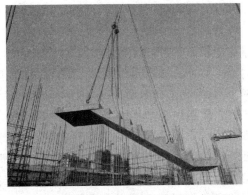

图5-6　预制楼梯支撑校正

5．预制外墙板

预制外墙板施工质量控制基本要求与预制叠合楼板基本相同,此处不再赘述。

5.2.3　构件节点现浇连接质量控制

在混凝土浇筑之前,应该先测试混凝土的坍落度,检验其强度是否满足设计要求。对浇筑部位进行清理,清除浮浆、污水及其他杂质,并在各部件连接部位喷洒清水。在混凝土浇筑时,预制柱与预制墙体之间的水平连接可以从上到下分层浇筑,每层的高度不能超过2m,并可以用木棰在模板的侧面轻轻敲打,以保证混凝土的密实。如果需要,可以在模板中插入小型的振动器来振捣(图5-7)。不要用大的振动装置来振捣,以免出现走模、变形等情况。

图 5-7　混凝土浇筑及振捣

5.2.4　构件节点钢筋连接质量控制

钢筋连接接头的试验、检查可参照各类连接接头施工方法中规定的方法;钢筋采用机械连接时,其接头质量应符合现行行业标准《钢筋机械连接技术规程》(JGJ 107—2016)的有关规定。

在对预制墙、预制柱内的钢筋套筒进行灌浆时,应用料斗对准构件的灌浆口,开启灌浆泵进行灌浆,灌浆作业要均匀、缓慢(图5-8)。在灌浆前,将不参与作业的灌浆孔和排浆孔事先用橡胶塞进行封堵。当发现作业灌浆孔有漏浆现象发生时,应及时封堵当前灌浆孔,并打开下一个灌浆孔继续灌浆,直至所有灌浆口漏浆封堵,排浆孔开始排浆且没有气泡产生时,对排浆孔进行封堵,灌浆作业完结后将灌浆孔表面压平。

在使用焊接作业时,必须先编制焊接位置核对表,以便合理地选用焊接方法、焊接材料和设备。焊接时,要确保焊缝具有充足的熔透,无气泡和裂纹,具有良好的外观和力学性能。此外,由于大风天气会引起电弧不稳定,从而影响焊接质量,所以必须在风速不超过10m/s的情况下进行焊接。另外,由于冬季气温较低,无法开展焊接工作,为了适应冬季装配式房屋的特点,可在施焊之前对施焊部位进行加热,使其温度达到36℃以上才能开始工作,避免由于突然的温度变化而引起构件开裂。

图 5-8 灌浆作业

在使用高强度螺栓的情况下,为了符合工程的需要,应按照钢结构的设计规范选用合适的螺栓型号。但由于螺栓连接导致构件刚性增加,不能弥补制造过程中产生的误差,所以必须对螺栓装配的精度进行严格控制。此外,由于螺栓经常和焊接配合使用,因此需要对焊接位置和螺栓间距进行严格控制,以避免因焊接引起的温度升高而影响到螺栓的装配精度。

5.2.5 构件接缝施工质量控制

预制构件接缝施工质量的主要控制措施如下:

(1)密封胶应采用建筑专用的密封胶,并应符合国家现行标准《硅酮和改性硅酮建筑密封胶》(GB/T 14683—2017)、《聚氨酯建筑密封胶》(JC/T 482—2022)、《聚硫建筑密封胶》(JC/T 483—2022)等相关规定。

(2)外墙板接缝防水工程应由专业人员进行施工。

(3)密封防水胶封堵前,侧壁应清理干净,保持干燥。事先应对嵌缝材料的性能质量进行检查。

(4)嵌缝材料应与墙板黏结牢固。

(5)预制构件连接缝施工完成后应进行外观质量检查,并应满足国家或地方相关建筑外墙防水工程技术规范的要求。图 5-9 所示为外墙板接缝施工完成后的外景照片示例。

图 5-9 预制外墙板接缝施工的外景照片

5.2.6　施工验收质量评定标准

装配式混凝土结构工程应按混凝土结构子分部工程进行验收,施工验收质量评定标准如下。

1. 预制装配式混凝土结构

国家标准《混凝土结构工程施工质量验收规范》(GB 50204—2015)
国家标准《装配式混凝土建筑技术标准》(GB/T 51231—2016)
国家标准《装配式建筑评价标准》(GB/T 51129—2017)
国家标准《建筑工程施工质量验收统一标准》(GB 50300—2013)
行业标准《装配式混凝土结构技术规程》(JGJ 1—2014)
行业标准《钢筋套筒灌浆连接应用技术规程(2023 年版)》(JGJ 355—2015)

2. PC 隔墙、PC 装饰一体化、PC 构件一体化门窗

国家标准《建筑装饰装修工程质量验收标准》(GB 50210—2018)
行业标准《外墙饰面砖工程施工及验收规程》(JGJ 126—2015)

3. PC 保温一体化

行业标准《外墙外保温工程技术标准》(JGJ 144—2019)

4. PC 构件中预埋的避雷带和电线、通信穿线导管

国家标准《建筑物防雷工程施工与质量验收规范》(GB 50601—2010)
国家标准《建筑电气工程施工质量验收规范》(GB 50303—2015)

5. 工程档案

国家标准《建设工程文件归档规范(2019 年版)》(GB/T 50328—2014)
国家标准《建筑电气工程施工质量验收规范》(GB 50303—2015)

5.3　装配式混凝土结构施工信息化应用技术

5.3.1　基于 BIM 的施工信息化技术

装配式建筑的核心是建筑、结构、机电、装修一体化以及设计、加工、装配一体化两个一体化的协同工作,而以信息协同、共享为理念的 BIM(建筑信息模型)技术能够加速装配式建筑和信息化的融合,从而实现两个一体化的协同管理,提升装配式建筑工程总承包管理水平。

装配式建筑施工阶段是装配式建筑全生命周期中建筑物实体从无到有的过程,是与设计及生产阶段同时发生信息交互的环节,也是建筑全生命周期中最为关键和复杂的阶段。装配式建筑施工管理的核心是保障项目在既定的进度工期内,高质量、保安全地完成合同内

所签订的内容,并且把控项目成本,最终实现利润最大化。项目管理的内容则包含了对进度、成本、合约、技术、质量、安全、劳务等多方面的把控。

BIM 是工程项目的数字化信息的集成,通过在 3D 建筑空间模型的基础上叠加时间、成本信息,实现从 3D 到 4D、5D 的多维度表达,最终形成集成建筑实体、时间和成本多维度的5D-BIM 应用。毫无疑问,BIM 技术的应用理念和装配式建筑施工管理的思路不谋而合。因此需要在总承包的发展模式下,建立以 BIM 为基础的建筑信息云平台,集成 RFID/二维码的物联网、移动终端等信息化创新技术,实现装配式建筑在施工阶段信息交互和共享,形成全过程信息化管理,提高管理效率和水平,确立智慧建筑的信息数据基础。

基于 BIM 的信息共享、协同工作的核心价值,以进度计划为主线,以 BIM 为载体,以成本为核心,将各专业设计模型在同一平台上进行拼装整合,实现施工管理中全过程全专业信息数据在建筑信息模型中不同深度的集成,以及快速灵活的提取应用;通过多维度和多专业的信息交互、现场装配信息同设计信息和工厂生产信息的协同与共享、信息数据的积累等,实现基于 5D-BIM 的装配式建筑项目进度、成本、施工方案、工作面、质量、安全、工程量、碰撞检查等数字化、精细化和可视化管理,将装配式建筑的现场装配真实地还原为虚拟装配,从而提高项目设计及施工的质量和效率,减少后续实施阶段的洽商和返工,保障项目建设周期,节约项目投资。

5.3.2　基于 BIM 的进度控制

1. 技术简介

工程进度计划管理是指在工程执行期间,为保证工程的顺利进行,按时完工而采取的一种管理措施。项目管理人员要以项目目标工期为中心,制订合理、经济的进度计划,并对实际进度与计划进度之间的差距进行持续的检测,对产生偏差的原因进行分析,对计划进行调整和修正,直到项目完工交付使用。运用 BIM 虚拟建造技术,使工程管理人员能够直观地看到工程计划和进度的执行情况,为制订和优化进度计划提供更加有力的支持。在此基础上,结合二维码/RFID 等物联网技术,实时获取现场组装工程进展情况,并与 BIM 进度仿真模型相结合,实现现场可视化的实时进度管理。另外,可视化的施工进度与计划进度之间的实时比较,还可以提供工程规划的分析与调整,从而为管理人员的决策提供可靠的数据支持。基于 BIM 的进度控制模型如图 5-10 所示。

与传统的进度管理方法相比,基于 BIM 的进度控制主要有以下优势:

1)提前预警

基于 BIM 的进度控制通过重复的施工流程仿真,能够将施工阶段中可能遇到的问题提前暴露在仿真环境之中,在发现问题之后,我们可以对其进行一一修正,并且提前做好相应的对策,将其优化到最佳的进度计划和施工方案,然后将其用于指导工程实践,这样才能确保工程建设顺利进行,大大提升计划的可执行性。

2)可视性强

BIM 设计的结果是高度逼真的 3D 模型,设计者可以从自己或者业主、承包商和客户等不同视角深入到建筑的各个细节。该方法可以细化为对特定结构部件的空间位置、三维尺寸、材料色彩等特性的精细修正,以提升设计成果的品质,减少因设计失误而导致的施工进

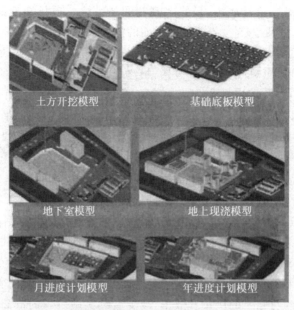

图 5-10　基于 BIM 的进度控制模型

度损失。也可以在虚拟环境中放置 3D 模型,观察整座大楼所处的区域,评价环境对工程建设进度的影响,并据此制定相应的对策,优化施工计划。

3) 信息完整

BIM 不仅仅是一种简单的图形,其中还包括了从部件材料到规格数目,再到场地、周边环境等一系列的综合信息。将施工模型与进度计划相结合,直接生成与施工进度计划相关的材料、资金供给计划,并在施工阶段启动前与业主、供应商进行交流,确保施工期间资金和物料的充足供给,防止资金、物料不到位而影响工程进度。此外,资信的完整也能辅助专案决定的快速实施。

4) 动态实时反馈

将二维码/RFID 等物联网技术与 BIM 技术相结合,在不需要人工输入的情况下,仅凭扫码就能将施工现场的施工过程实时记录下来,达到对施工过程的实时动态管理(图 5-11)。

2. 基于 BIM 的施工进度计划的模拟、优化

在 BIM 进度控制的基础上,提出了一种基于工程特征的工作分解结构(WBS),并将其与 BIM 进行有机结合,构建了工程进度仿真模型。在 3D 可视化环境下,检验进度计划中的时间参数,也就是每一项工作的工期是否合理,工作间的逻辑关系是否正确,以此来检验并优化项目的进度计划,最后得出最优的施工进度规划方案。在此基础上,建立了项目进度仿真模型,可以实现项目进度与实际进度的比较和分析,并根据差异分析的结果对项目进度进行修正。

进度计划编制中,将项目按整体工程、单位工程、分部工程、分项工程、施工段、工序依次分解,最终形成完整的工作分解结构,并满足下列要求:

(1) 工作分解结构中的施工段可表示施工作业空间或局部施工模型,支持与模型关联。

(2) 工作分解结构宜达到可支持制订进度计划的详细程度,并包括任务间关联关系。

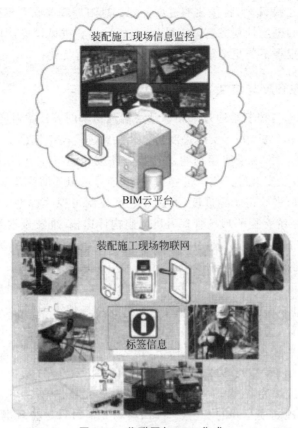

图 5-11 物联网与 BIM 集成

（3）在工作分解结构基础上创建的信息模型应与工程施工的区域划分、施工流程对应。

根据验收的先后顺序，明确划分项目的施工任务及节点，按照施工部署要求，确定工作分解结构中每个任务的开、竣工日期及关联关系，并确定下列信息：

（1）里程碑节点及其开工、竣工时间。

（2）结合任务间的关联关系、任务资源、任务持续时间以及里程碑节点的时间要求编制进度计划，明确各个节点的开、竣工时间以及关键线路。

创建进度模拟模型时，应根据工作分解结构对导入的施工模型进行切分或合并处理，并将进度计划与模型关联。同时基于进度模拟模型估算各任务节点的工程量，并在模型中附加或关联定额信息。

通过进度计划审查形成最终进度模拟模型之前需要进行进度计划的优化，进度计划优化宜按照下列工作步骤和内容进行：

（1）根据企业定额和经验数据，并结合管理人员在同类工程中的工期与进度方面的工程管理经验确定工作持续时间。

（2）根据工程量、用工数量及持续时间等信息，检查进度计划是否满足约束条件，是否达到最优。

（3）若改动后的进度计划与原进度计划的总工期、节点工期冲突，则需与各专业工程师协商。过程中需充分考虑施工逻辑关系，各施工工序所需的人、材、机，以及当地自然条件等因素。重新调整优化进度计划,将优化的进度计划信息附加或关联到模型中。

(4)根据优化后的进度计划完善人工计划、材料计划和机械设备计划。

(5)当施工资源投入不满足要求时,应对进度计划进行优化。

3.施工进度信息预警与控制

施工进度信息预警与控制是通过采用移动终端及物联网等技术对实际进度的原始数据进行收集、整理、统计和分析,并将实际进度信息关联到进度模拟模型中实现的。

预制构件装配施工时,为了使预制构件安装能够按计划有序进行,BIM 系统中的信息模型与构件运输、堆放及安装等计划进度相关联,并通过可以实时采集装配现场信息的物联网技术(RFID/二维码)来获得实际进度,通过在进度控制可视化模型中检查实际进度与计划进度的偏差,BIM 系统会提醒现场管理人员预制构件运输、堆放及安装是否滞后。同时,BIM 计划与现场施工日报相关联,通过日报信息可快速查询现场工期滞后原因,结合滞后原因进行偏差分析,修改相应的施工部署,并编制相应的赶工进度计划。

施工单位需要实时掌握订制构件的到场情况,在施工现场的入口处安装门式阅读器,以便在预制构件进场阶段,运输车辆进场后,第一时间读取构件进场信息。系统将根据进场构件的种类、数量以及时间制订或调整施工计划。

在部件装载或卸载过程中,通过在龙门吊、轮式吊车等装载装置上配置 RFID 读写器及GPS 接收器,实现对工件装载与卸载、搬运过程中的实时定位。在货物卸载到堆场后,需要在堆场放置 RFID 定位阅读器,读取各元器件的信息,将元器件与 GPS 坐标进行匹配,并基于读写器的识读半径规划读写器的安装点,确保堆场无信号盲区。现场系统管理人员通过该系统可以对各零部件的具体位置进行实时查询,从而达到对各零部件位置的可视化管理。

同时根据施工计划,需要提前在堆场中找到目标构件。堆场管理人员通过 WLAN 网络,利用装有 RFID/二维码阅读器和 WLAN 接收器的移动终端,快速、准确定位到需要吊装及安装的构件,并可读取 RFID/二维码标签中构件基本信息,核实构件,做到对施工进度的实时监控(图 5-12、图 5-13)。

图 5-12 施工场地实时监控

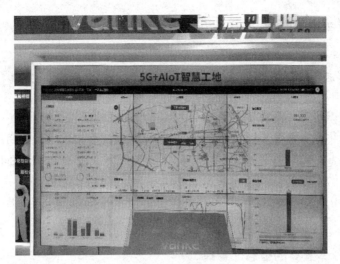

图 5-13 实时情况分析

5.3.3 基于 BIM 的成本控制

1. 技术简介

5D-BIM 是 BIM 在工程造价管理中的重要组成部分。5D-BIM 是将"时间-进展"和"费用-费用"相结合，以三维建筑信息模型为基础，构建的"三维建模＋一维进展＋一维造价"的五维建筑信息模型。5D-BIM 融合了工程量、进度和成本等信息，在实现工程量统计的同时，也实现对建筑部件三维建模和各类施工进度分解工作的对接，以及对施工进度的动态仿真和对进度的实时监测。

BIM 技术对于降低项目的实际成本具有很大的优越性。在 BIM 可视化模型的基础上，采用清单规格及消耗定额进行成本计划的制订，建立了成本控制模式，并通过对合同成本及综合进度信息的计算，对成本进行定期核算、成本分析、三算对比等。成本管理就是把成本和图形相结合，把最直观、最生动的建筑物模型融入成本分析文件中，以此为基础，使图形的变化和成本的变化同步，使建筑物可视化模型能够更好地发挥成本管理的作用。

基于 BIM 的实际成本核算方法与传统方法相比具有极大优势，集中表现在以下方面：

（1）快速。由于建立了基于 BIM 的 5D 实际成本数据库，汇总分析能力大大加强，速度快，短周期成本分析变得精准、快捷，工作量小、效率高。

（2）准确。成本数据动态维护，准确性大大提高，通过总量统计的方法消除累积误差，成本数据随项目进展准确度越来越高。另外，通过实际成本 BIM 很容易检查出哪些项目还没有实际成本数据，监督各成本实时盘点，提供实际数据。

（3）分析能力强。可以多维度（时间、空间）汇总分析更多种类、更多统计分析条件的成本报表。

（4）提升企业成本控制能力。将实际成本 BIM 通过互联网集中在企业总部服务器，企业总部成本部门、财务部门可共享每个工程项目的实际成本数据，并实现总部与项目部的信息对称，总部成本管控能力大为加强。

2．进度及成本的关联

工程施工进度与成本之间存在着相互影响、相互制约的关系。加快施工速度，缩短工期，资源的投入就会相应增加，因此应根据项目特点和成本控制需求，编制不同层次（整体工程、单位工程、单项工程、分部分项工程等）、不同周期的成本计划。

利用 BIM 技术进行可视化成本核算能够及时、准确地获取各项物资财产实时状态信息。在 BIM 可视化成本核算中，可以实时地把工程建设过程中发生的费用按其性质和发生地点分类归集、汇总、核算，计算出该过程中各项成本费用发生总额并分别计算出每项活动的实际成本和单位成本，将核算结果与模型同步，并通过可视化图形进行展示。及时准确的成本核算不仅能如实反映承包商施工过程以及经营过程中的各项耗费，也可对承包商成本计划实施情况进行检查和控制。从而实现进度与成本的相互关联，达到综合最优的效果。

3．工程量、成本预算的信息化管理

将 BIM 与算量计价软件深度融合，使用各个建模软件生成的专业 BIM 可以直接进行核算和计价工作。BIM 与实际进度中的价格信息相融合，系统可以对建筑部件的清单种类、数量等信息进行识别和自动抽取，从而实现对实体进度中建筑部件的资源消耗和综合总价的自动计算。同时可以实现对基础工程量、总包清单工程量和分包工程量的查询。通过对各个楼层进度计划、工作时间等方面的简单操作，可以实现对各建筑实体的相关数量的汇总，为物料采购计划、物料准备、领料等相关数据提供依据。

项目管理人员利用快速获取实体进度工程量的功能，可以实时掌握工程量的实际完工情况。同时提高了实体进度工程量和成本支出的计算效率，为工程管理追踪施工材料使用情况以及成本核算提供了数据支持，便于管理人员预备下一阶段的施工材料和运转资金。

在 BIM 成本控制方面，需要构建一个统一的成本计算项目，将收入清单、生产进度、费用清单与 BIM 相结合，使收入、预算成本和真实成本三者之间实现动态、自动、可视化管理。在不需要耗费大量人力进行会计核算的情况下，就能实现三次计算可视化的实时比较和分析。这样，管理者可以更容易地发现成本管理中存在的问题，制定并执行相应的调整和纠正措施，从而提升企业的经营效率与品质。

总之，基于 BIM 的成本控制解决方案，其核心内容是利用 BIM 软件技术、造价软件、项目管理软件、FM 软件，创造出一种成本管理整体解决方案。该方案也涵盖了设计概算、施工预算、竣工决算、项目管理、运营管理等所有环节的成本管理模块，构成项目总成本控制体系。

5.3.4 质量信息化管理技术

1．构件全过程质量信息追溯

全产业链的整合是建设装配式建筑的核心需求，从建筑供应链及装配式建筑生产流程角度分析，预制混凝土结构就是将混凝土结构拆分为众多构件单元（梁、柱、楼板、窗体等），在预制构件工厂加工成型，再由专业物流公司运输至施工现场，在施工现场进行构件的吊装、支撑及安装，最后由各个独立的构件装配形成的整体装配式结构。预制构件作为最核心的元素,贯穿于整条装配式建筑建设供应链中,而实现对整个装配式建筑全产业链的质量管理和优化根本在于实现对构件全寿命周期的质量管理和优化。因此为保证装配式建筑建造过程的顺利进行,需要对各阶段构件质量状态的数据进行及时采集、共享和分析。

2. 基于信息化的构件全过程质量管理

在信息化的基础上,可以根据各个阶段的实际状况和工作规划,动态地管理对应的质量控制点,并利用移动终端、物联网等技术,实时地向 BIM 传输现场的质量管理信息,从而达到实时采集、移动可视化管控和可追溯的目的。

装配式建筑材料采购、构件生产、装配施工全过程质量管理可包括以下内容:

(1)混凝土原材料(水泥、砂、石、外加剂、水)、钢筋、套筒灌浆连接等钢筋连接及锚固产品、预留钢筋盒等预制构件连接产品、夹心保温连接件、接缝密封胶等混凝土部品防护与接缝处理产品、外围护墙产品及连接固定件、隔墙板产品及连接固定件、界面剂产品、用于吊装及临时支撑的套管预埋件、预埋管线及其配件等、门窗部品及其配件等质量管理。

(2)预制构件加工、堆放、运输过程的质量控制管理,如生产过程中的钢筋绑扎、模板组装、混凝土浇筑、构件蒸养、构件堆放、构件运输等质量管理。质量管理人员宜通过移动终端和利用 RFID/二维码技术对预制构件生产的每道工序进行质量检验信息的实时采集,采集的信息主要包括:模具安装检验信息、钢筋安装检验信息、预埋件安装等隐蔽工程检验信息、构件蒸养温度和湿度检验信息、构件脱模强度及混凝土质量等检验信息。检验过程中质量检验信息会自动上传至 BIM 系统,与 BIM 中的构件信息相关联。可通过移动终端拍照并将影像技术文件自动上传,与 BIM 中的构件信息相关联,最终形成产品的档案信息,实现产品质量信息可追溯管理。

(3)结构关键部位施工质量控制管理,如预制构件的连接、预制构件与现浇混凝土结合界面、各类密封防水材料的施工质量缺陷评估及控制管理等。

同时,基于 BIM 的构件质量全过程管理系统宜与政府相关部门的质监管理平台相关联,从而实现质量监管部门对构件质量信息实时监控。

5.3.5 安全监控信息化管理技术

以塔式起重机、施工升降机为代表的大型装备的常规管理方式,在管理上存在着盲区以及控制不力等问题。为了有效地避免监控盲区,最好的办法就是建立一个以 BIM 为基础的装配式建筑施工安全信息化管理平台,并将其引入大型设备的安全监控系统中。在这个平台上,还可以对运行记录、历史运行数据、设备告警查询和设备饼状图进行实时的检视。

以 BIM 为基础的安全信息化管理,就是对施工现场的关键生产因素进行可视化仿真和监测。它在对危险源进行识别与动态管理的基础上,强化了安全规划,降低或杜绝了施工中的不安全行为与状况,保证了项目的收益。

在 BIM 的可视化安全管理中,利用 RFID/二维码技术、无线传感网等技术,实时获得对应的现场安全监控和预警的位置信息、对象属性信息和环境信息,对建筑现场的工人、材料、机械等进行有效的追踪,同时将其三维位置信息体现在安全监测系统中,实现对施工现场的实时监测。同时,施工现场的各类用电设备,如塔吊、电梯等,也能以可视化的方式实时地显示在安全管理系统中。

将与 BIM 系统相关联的传感器安装在现场的安全风险区,一旦人、施工机械进入了安全风险区,或模板支撑体系、脚手架出现了安全隐患,就可以第一时间发现,并在安全预警系统中发布预警信号,让现场管理人员做出相应的反应,从而将安全事故的发生概率降到最低。

5.4　安全施工岗位职责

施工项目劳动力管理,是指将参与施工项目生产的人员视为一种生产因素,对其进行管理的过程。它的中心思想就是根据建设项目的特征和目标需求,对劳动力进行合理的组织,并对其进行高效的利用和管理,对工人进行培训,激发他们的积极性和创造性,从而提高劳动生产率,充分履行工程合同,取得更大的收益。

5.4.1　项目部组织机构

针对装配式建筑的特点,以及施工流程、施工顺序,项目经理可以采取三级管理的线性功能与矩阵功能配置相结合的管理方式,形成一张立体的管理网络,确保各个管理环节不会因为某一个要素或一个单元的分离而断裂,从而实现系统的管理。三层管理是指核心(决策)管理层、各部门管理层以及作业队管理层。

(1)核心管理层由项目经理、项目技术负责人、项目工程师、项目施工员等岗位构成。

(2)部门管理层由工程、技术、材料设备、成本经济、综合办公室、财务、安保等职能部门构成。

(3)作业队管理层由构件吊装(安装)、支模钢筋绑扎、混凝土浇筑(灌浆)等专业班组(人员)构成。

5.4.2　劳动力组织管理

1.劳动力的优化配置

劳动力优化配置的目的是保证施工项目进度计划实现,使人力资源得到充分利用,从而降低工程成本。项目经理部根据劳动力需要量计划进行配置,而劳动力需要量计划是根据项目经理部的生产任务和劳动生产率水平及项目施工进度计划的需要和作业特点制订的。

2.劳务队伍的组合形式

(1)专业班组:按工艺专业化的要求由同一工种专业的工人组成的班组,有时根据生产的需要配备一定数量的辅助工。专业班组只完成其专业范围内的施工过程,优点是有利于提高专业施工水平,提高熟练程度和劳动效率,但是专业班组间的配合难度大。

(2)混合班组:按产品专业化的要求由多种工人组成的综合性班组。工人可以在一个集体中混合作业。打破了工种界限,有利于专业配合,但不利于专业技能及熟练水平的提高。

(3)大包队:扩大了的专业班组或混合班组,适用于一个单位工程或分部工程的作业承包。该队内还可以划分专业班组,其优点是可以进行综合承包,独立施工能力强,有利于协作配合,可简化管理工作。

3．劳动力来源

（1）施工企业的劳动力主要来源。包括自有固定工人,从建筑劳务基地招募的合同制工人,其他合同制工人。随着我国改革的深入,企业自有固定工人逐渐减少,合同制工人逐渐增加,而主要的工人来源将是专业劳务公司,实行"定点定向,双向选择,专业配套,长期合作"的制度,形成企业内部劳务市场。

（2）施工项目的劳动力主要来源。施工项目的劳动力大部分由企业内部劳务中心按项目经理部的劳动力计划提供。但对于特殊的劳动力,经企业劳务部门授权,由项目经理部自行招募。项目经理享有劳动用工自主权,可以自主决定用工的时间、条件、方式和数量,自主决定用工形式,并自主决定解除劳动合同,辞退劳务人员。

4．劳动力的配置方法

项目经理部应根据施工进度计划、劳动力需要量计划和工种需要量计划对劳动力进行合理配置。一般配置为吊装班组、钢筋工（模板工）班组、混凝土工班组、木工班组,并根据项目单体个数安排全场流水施工。

1）吊装作业管理

装配式整体混凝土结构在安装施工中,要做很多次的吊装工作,其工作效率的高低对项目的顺利实施有着重要的影响。起重施工班组一般由班组长、塔吊司机、信号工、起重机械安装工、临时支护工等组成。一般吊装作业小组的构成如图 5-14 所示。

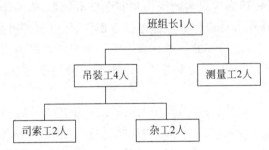

图 5-14　吊装作业劳动力组织管理图

2）支模钢筋绑扎作业管理

装配整体式混凝土结构施工有许多节点构造仍然需要现场浇筑混凝土,因此现场支模和钢筋绑扎质量不可小觑,支模钢筋绑扎作业应由有经验的模板工、木工钢筋工专业班组来完成。

3）混凝土浇筑（灌浆）作业管理

混凝土灌浆是装配式混凝土工程施工的一个重要工序。混凝土灌浆作业施工由若干班组组成,混凝土灌浆作业班组由灌浆料制备工、灌浆工、修补工等组成。每组应不少于两人,一人负责灌浆作业,一人负责调浆及灌浆溢流孔封堵工作。

4）构件堆放专职人员管理

施工现场应设置构件堆放专职人员负责施工现场进场构件的堆放、储运管理工作。构件堆放专职人员应建立现场构件堆放台账,进行构件收、发、储、运等环节的管理,对预制构件进行分类,有序堆放。同类预制构件应采取编码管理使用,防止装配过程中出现错装问题。

为保障装配建筑施工工作的顺利开展,确保构件使用及安装的准确性,防止构件装配出现错装、误装或难以区分构件等问题,不宜随意更换构件堆放专职人员。

5.4.3　劳动力组织技能培训

1. 吊装工序施工作业前

应对工人进行专门的吊装作业安全意识培训。构件安装前应对工人进行构件安装专项技术交底,确保构件安装质量一次到位。

2. 灌浆作业施工前

应对工人进行专门的灌浆作业技能培训,模拟现场灌浆施工作业流程,提高灌浆工人的质量意识和业务技能,确保构件灌浆作业的施工质量。

5.5　安全管理制度

5.5.1　装配式混凝土构件吊装前安全管理

(1) 预制构件堆场区域内应设封闭围挡和安全警示标志,非操作人员不准进入吊装区。

(2) 构件起吊前,操作人员应认真检验吊具各部件,做好构件吊装的事前工作。

(3) 起吊时,堆场区及起吊区的信号指挥与塔吊司机的联络通信应使用标准、规范的普通话,防止因语言误解产生误判而发生意外。起吊与下降的全过程应始终由当班信号工统一指挥,严禁他人干扰。

(4) 构件起吊至安装位置上方时,操作人员和信号指挥人员应严密监控构件下降过程,防止构件与竖向钢筋或立杆碰撞。下降过程应缓慢进行,降至可操控高度后,操作人员迅速扶正预制构件,将其导引至安装位置。在构件安装前,塔吊不得有任何动作及移动。

(5) 所有参与吊装的人员进入现场应正确使用安全防护用品,戴好安全帽。

(6) 吊装施工时,在其安装区域内行走应注意周边环境是否安全。

(7) 对从事预制构件吊装作业及相关人员进行安全培训与交底,明确预制构件存放、吊装、就位各环节的作业风险,并制定防止危险情况的处理措施。

5.5.2　装配式混凝土构件吊装时安全管理

(1) 安装作业开始前,应对安装作业区进行围护并作出明显的标示,拉警戒线,并派专人看管,严禁与安装作业无关人员进入。

(2) 应定期对预制构件吊装作业所用的安装工具进行检查,如发现有可能存在的使用风险,应立即停止使用。

(3) 遇到雨、雪、雾天气,或者风力大于 6 级时,不得进行吊装作业。

（4）塔吊作业过程中应严格遵守"十不吊"准则。

（5）安装工必须定人定岗定位置。

（6）起钩前,信号工及司索工须认真对吊物进行检查,确认吊物捆绑牢固可靠、吊点合理可靠、吊物或钢丝绳无粘带钢管架等其他非吊运物品后方可起吊。

（7）塔吊司机应根据信号工的指挥信号进行操作,开始操作前应鸣号（铃）示意,以引起有关人员的注意;吊运过程中,信号工应从起吊到就位全过程控制,不能发出信号后就掉以轻心或擅自离开。

（8）信号工应到吊物挂钩、摘钩处相近高度 5m 范围内进行指挥,不得站在高处、远处进行"遥控"指挥;挂钩工在挂钩、摘钩后,信号工须认真检查,确认安全无误后方可指挥起吊。

（9）塔吊的顶端、大臂前端部、平衡臂尾部应安设红旗和安全警示灯,安全警示灯夜间应开启。

（10）大雨、大风天气和较长时间报停后,塔吊司机应协同出租单位组织相关人员对塔吊进行一次全面检查,对设备存在的安全隐患以及机械、电气故障（尤其是经常性出现的故障）予以排除,并做好设备保养工作,确保塔吊重新启用后安全、高效地运行。

（11）塔吊司机、信号工应以充沛的精力进入岗位,精神集中操作,始终目视本塔吊吊钩位置和大臂,运转过程中注意相邻塔吊的工作状态,严格准确发出信号。不得在操作中与其他人员闲谈、玩手机或做与工作无关的动作和事情。

5.5.3　装配式混凝土构件吊装完毕安全管理

（1）塔吊司机、信号工须严格遵守国家法律法规,严禁利用塔吊偷盗现场材料,并应积极举报、制止他人偷盗行为。

（2）项目安全部每半月组织全体塔吊司机及信号工召开安全例会,每月进行安全技术交底,全体人员必须准时参加;确因施工现场需要不能到会人员应提前请假,会后由各单位责任安全员传达会议精神。

（3）项目安全部对因违章或操作不当引发事故的,根据事故情节轻重,严格按项目相关制度对责任人进行处罚。

（4）现场各类预制构件应分别集中存放整齐,并悬挂标示牌,严禁乱堆乱放,不得占用施工临时道路,并做好防护隔离。

5.6　专项安全生产制度

5.6.1　安全生产管理概述

安全生产关系人民群众的生命财产安全,关系国家改革发展和社会稳定大局。我国装配式建筑行业目前正处于高速发展阶段,装配式混凝土结构的应用以全新的技术水平呈现出上升发展的趋势。但目前装配式建筑在施工过程中还存在管理不完善,施工现场控制力度不够,工序之间存在重复工作等多种问题,严重影响到了建筑物的稳定性和安全性,不利于我国装配式建筑的发展。因此,装配式建筑的迅速发展迫切要求有相应的安全规程来指导现场安全施工。同时,装配式混凝土结构工程施工安全生产必须遵守国家、部门和地方的相关法律、法规和规章及相关规范、规程中有关安全生产的具体要求,对施工安全生产进行科学管理,认真落实各级各类人员的安全生产责任制。

5.6.2 装配式混凝土结构工程施工安全生产管理

1. 装配式混凝土结构工程施工安全管理基本规定

(1) 装配式混凝土结构工程开工以前,应进行图纸会审。施工前必须编制装配式混凝土结构工程施工组织设计,包括施工总体部署、施工场地布置、深化设计、构件制作和运输、构件存放和吊装、构件安装、辅助分项工程施工工艺要求、季节性施工以及应急预案等方面内容。施工现场公示的总平面布置图中,须明确大型起重吊装设备、构件堆场、运输通道的布置情况。

(2) 装配式混凝土结构工程施工需根据相关规定对涉及的项目编制安全专项施工方案。对于采取新材料、新设备、新工艺的装配式建筑专用的施工操作平台,高处临边作业的防护设施等,相关单位的设计文件中应提出保障施工作业人员安全和预防生产安全事故的安全技术措施,且其专项方案应按规定通过专家论证。

(3) 施工单位应根据装配式结构工程的管理和施工技术特点,对管理人员和作业人员进行专项培训和交底。

(4) 装配式混凝土结构工程需进行专业吊装和安装深化设计,包括临时支撑点、吊装点及附着加固点等,预制构件的专业深化设计应满足预制构件制作、吊装、运输及安装的安全要求,并经设计单位认可后方可实施。

(5) 装配式预制混凝土构件运输及吊装须满足施工现场总包施工单位的安全管理要求。

(6) 装配式混凝土结构工程施工应根据工程结构特点和施工要求,合理选择配置大型机械和防护架体,大型机械应根据相关规定进行备案。

(7) 预制构件、安装用材料及配件等应按现行国家相关标准的规定进行进场验收,未经检验或不合格产品不得使用。施工单位应根据施工现场构件堆场设置、设备设施安装使用、因吊装造成非连续施工等特点,编制安全生产文明施工措施方案,并严格执行。

(8) 装配式预制混凝土构件施工的塔式起重机司机、信号工等特种作业人员须经过专业培训并持证上岗,预制构件安装工人及灌浆工人进行专项培训后方可上岗。总包单位须在进场前对以上人员进行安全教育。

(9) 施工作业人员按照规定配备安全防护用品,施工现场设置安全防护设施。

(10) 现场施工作业临时用电须符合《施工现场临时用电安全技术规范》(JGJ 46—2005)要求。

(11) 施工现场须建立健全消防管理制度,配备足够消防器材,灭火器的配置需符合《建筑灭火器配置设计规范》(GB 50140—2005)要求。

(12) 施工现场需采取有效的环保措施,严格控制粉尘、噪声、废水、污水等污染源,减少对环境的污染。施工现场的垃圾需分类存放,及时清理。

2. 装配式混凝土结构工程施工质量安全管理基本要求

装配式混凝土建筑的预制混凝土构件现场安装应符合现行国家标准《装配式混凝土结构技术规程》(JGJ 1—2014)、《混凝土结构工程施工质量验收规范》(GB 50204—2015)及相关标准、规范的要求,确保装配式混凝土建筑预制混凝土构件的安装质量。

(1)施工单位要加强预制混凝土构件进场验收。要对预制混凝土构件的外观、尺寸偏差以及钢筋灌浆套筒的预留位置、套筒内杂质、灌浆孔通透性等进行检验,同时应核查并留存预制构件出厂合格证、出厂检验用同条件养护试块强度检验报告、灌浆套筒型式检验报告、连接接头现场检验报告、拉结件抗拔性能检验报告、预制构件性能检验报告等技术资料,未经检验或检验不合格的不得使用。

(2)施工单位应加强模板工程质量控制。要编制有针对性的模板支撑方案,并对模板及其支架进行承载力、刚度和稳定性计算,保证其安全性。同时应将模板支撑方案报设计单位进行确认。

(3)预制混凝土构件安装尺寸的允许偏差应符合设计和规范要求,吊装过程中严禁擅自对预制构件预留钢筋进行弯折、切断。预留钢筋与现场绑扎钢筋的相对位置应符合设计和规范要求。

(4)应加强预制混凝土构件钢筋灌浆套筒连接接头质量控制。灌浆作业前应制定专项施工方案,对灌浆作业实行视频影像管理,影像资料必须齐全、完整,由建设单位、施工单位及监理单位各自存档。监理单位以旁站形式加强对灌浆作业的监督检查,确保灌浆作业质量。

(5)预制构件进场卸车时,应对车轮采取固定措施,并按照装卸顺序进行卸车,确保车辆平衡,避免由于卸车顺序不合理导致车辆倾覆。预制构件卸车后,应按照次序进行存放,存放架应设置临时固定措施,避免存放架失稳造成构件倾覆。

(6)施工中应加强上层预制外墙板与下层现浇构件接缝处、预制外墙板拼缝处、预制外墙板和现浇墙体相交处等细部防水和保温的质量控制。接缝连接方式应符合设计要求。使用防水材料和保温材料应按相关验收规范的要求进行进场复试。各专项施工方案中应包括各细部施工工艺,并严格按照设计文件和施工方案进行施工,保证使用功能。

(7)针对国家规范、标准之外的分部分项工程应制定专项施工方案,例如无外围护专用安全防护脚手架施工、塔式起重机、施工升降机的附着装置施工及其他超过一定规模的危险性较大的施工,专项施工方案需经专家论证,施工单位技术负责人、总监理工程师签批后,报项目所在地建设行政主管部门备案,经建设行政主管部门对主要程序复核无误后,方可施工。

(8)吊装、运输工况下使用的自制、改制、修复和购置的非标吊架、吊索、卡具和撑杆,应按国家现行相关标准、有关规定进行设计验算或试验检验,经总监理工程师审批后投入使用。

(9)施工单位主要负责人依法对本单位安全生产工作全面负责,项目负责人对施工项目安全生产具体负责,施工单位的主要负责人、项目负责人、专职安全生产管理人员(以下简称"三类人员")应经施工安全生产培训,并经考核合格后方可任职。

(10)实行施工总承包的建筑工程,其安全生产由总承包单位负责;建设单位依法单独发包的专项工程,其安全生产由专项工程的承包单位负责。总承包单位依法将建筑工程分包给其他单位的,应在分包合同中明确各自安全生产管理范围和相应的安全责任;总承包单位对分包单位的安全生产承担连带责任。

(11) 施工单位应建立健全安全生产保证体系,制定、完善安全生产规章制度和操作规程,设置安全生产管理机构,落实安全生产管理经费。

(12) 施工单位应按规定加强对工程项目的定期和专项安全检查,对存在的安全隐患及时进行整改;对排查出的重大安全隐患,施工单位安全负责人应现场监督隐患整改,直至隐患消除。施工单位应编制安全生产事故应急救援预案,建立应急救援组织或配备应急救援人员,配备必要的应急救援器材、设备,并定期组织演练。

(13) 施工单位根据《建设工程安全生产管理条例》《建筑施工安全检查标准》(JGJ 59—2011),以及各地相关建筑施工安全标准化管理规定,做好施工现场的安全生产、文明施工工作,实现安全文明标准化。

(14) 施工单位应对预制构件的现场装配等环节分别制定专项技术方案,建立健全质量管理体系,做好构配件施工阶段的质量控制和检查验收,形成和保留完整的质量控制资料。

5.6.3　装配式混凝土结构工程施工现场安全监督实施要点

装配式结构现场施工除了要遵循国家相关结构工程施工的安全监督要求外,还应针对装配式结构的工程特点,突出对吊装施工的安全监管,并根据每个施工阶段的情况,重点监督以下几个方面的内容。

1. 工程施工准备阶段应重点核查内容

(1) 专项施工方案编制审批及专家论证情况、安全监理方案编制审批情况。

① 施工单位专项施工方案审批(包括:起重机械设备安装;预制构件吊装、预制构件临时就位固定、现浇结构临时支撑系统;采取新材料、新设备、新工艺的装配式结构专用的施工操作平台,高处临边作业的防护设施等专项施工方案和安全技术措施;临时用电施工组织设计等)及按规定进行专家论证情况。

② 监理单位编制安全监理实施细则、监理旁站方案的情况。

(2) 起重机械设备租赁、安装单位资质、设备进场验收、维修保养情况。

(3) 特种作业人员(包括安装工、起重机械设备司机、司索工、指挥人员等)教育培训、资格证件及安全技术交底情况。

① 吊装用结构起重机械设备司机、信号司索工需持建设主管部门颁发的有效证件。

② 安装作业人员须是经过专业培训的专业工人,应持有效证件。

③ 施工单位项目技术负责人应当组织相关专业作业人员进行安全技术交底,并履行相关签字手续。预制构件生产单位、设计单位和监理部门应当参加监督交底过程,解答疑难问题,给予技术支持。

2. 工程施工阶段应重点核查内容

1) 现场施工作业执行方案情况

根据专项施工方案,核查施工现场作业执行方案情况。

2）预制构件管理存放情况

（1）应核查进场的预制构件的完整出厂质量证明文件和标识情况，其中应明确标识吊点数量及位置、临时支撑系统预埋件数量及位置、混凝土强度及吊点连接件材质、吊点隐蔽记录情况。对标识不清、质量证明文件不完整的构件，特别是存在影响吊装安全的质量问题，不得进场使用。

（2）预制构件应设置专用堆场，并满足总平面布置要求。预制构件堆场的选址应综合考虑垂直运输设备起吊半径、施工便道布置及卸货车辆停靠位置等因素，便于运输和吊装，避免交叉作业。

（3）堆场应硬化平整、整洁无污染、排水良好。构件堆放区应设置隔离围栏，按品种、规格、吊装顺序分别设置堆垛，其他结构材料、设备不得混合堆放，防止搬运时相互影响造成伤害。

（4）应根据预制构件的类型选择合适的堆放方式及规定堆放层数，同时构件之间应设置可靠的垫块；若使用货架堆置，对货架应进行力学计算并满足承载力要求。

（5）核查预制构件进场，施工单位自检，监理单位验收并形成验收记录的情况。

3. 现场吊装起重机械设备安装、附着情况

塔式起重机的使用应符合国家现行标准《塔式起重机安全规程》（GB 5144—2006）、《建筑施工塔式起重机安装、使用、拆卸安全技术规程》（JGJ 196—2010）及《建筑机械使用安全技术规程》（JGJ 33—2012）中的相关规定。汽车起重机应符合国家现行标准《建筑施工起重吊装工程安全技术规范》（JGJ 276—2012）中的相关规定。施工升降机的使用应符合国家现行标准《施工升降机安全规程》（GB 10055—2007）、《建筑施工升降机安装、使用、拆卸安全技术规程》（JGJ 215—2010）。物料提升机的使用应符合国家现行标准《龙门架及井架物料提升机安全技术规范》（JGJ 88—2010）。起重机械设备基础搁置在结构上和附着应经过结构设计单位书面复核确认。

4. 安全防护围挡情况

（1）采用扣件式钢管脚手架、门式脚手架、附着式升降脚手架等应符合现行规范和标准。

（2）采用新材料、新设备、新工艺的装配式结构专用的施工操作平台应符合方案要求，经施工、监理单位联合验收通过并挂牌后方可投入使用。

（3）无防护脚手架和操作平台，高处临边防护应采用定型化工具式临边防护，且须在牢固固定的结构上使用。

5. 作业人员持证上岗、安全防护用品佩戴情况

（1）施工单位管理人员应在吊装前自检管理人员到岗情况及作业人员持证上岗情况。

（2）现场监理旁站应重点巡视包括施工单位吊装前的准备工作、吊装过程中的管理人员到岗情况、作业人员的持证上岗情况、吊装监管人员到岗履职情况、临边作业的防护措施及相关辅助设施方案的实施情况等。

（3）作业人员在现场高空作业时必须佩戴安全帽、系好安全带。

6. 物体坠落半径隔离防护情况

施工单位和现场监理应核查吊装前至结构的临时支撑能否保证所安装构件处于安全状态,连接接头达到设计工作状态,并确认结构形成稳定结构体系前,构件坠落半径内地面安全隔离防护情况。在吊装作业时,严禁吊装区域下方交叉作业,非吊装作业人员应撤离吊装区域。

7. 预制构件吊装手续报批情况

吊装前,应实施吊装令制度,施工单位应向监理上报吊装申请手续,具备吊装安全生产条件后,监理方可同意并签署吊装令。

8. 预制构件吊装、吊具、吊点数量、完整性及强度情况

(1) 吊装作业必须符合《建筑施工起重吊装工程安全技术规范》(JGJ 276—2012)的要求。吊装前必须再次核对构件吊点、吊装吊具安全情况。

(2) 起吊大型构件或薄壁构件前,应采取避免构件变形或损伤的临时加固措施。

(3) 每班开始作业时应先试吊,确认吊装起重机械设备、吊点、吊具可靠后,方可进行作业。

9. 临时就位固定、临时支撑体系情况,固定和支撑材料进场验收和检验情况

构件安装就位后应及时校准,校准后须及时安装临时固定支撑连接件,防止变形和位移。临时固定支撑连接件应符合方案要求。临时固定支撑连接件进场时,施工和监理单位应履行进场验收手续。

10. 各阶段各部位安全验收情况(包括首件、首吊、首层、随机抽查)

施工单位在初次起吊前,应办理并通过危险部位分项工程开工时的安全生产条件审核;临时支架安装完成,临时吊装安装完成,在浇筑混凝土之前,由施工、监理两个部门进行验收,并将其报告给安全监管部门。

本章小结

本章主要介绍了装配式建筑结构的施工进度把控、常见质量问题及相关安全管理方案,由宏观到具体地解释并强调了装配整体式混凝土结构施工的具体要求。在装配式施工整体进程中,对于建筑主体的质量和施工的安全管理,二者都很重要且缺一不可。

复习思考题

5-1 预制柱在吊装施工时的质量控制注意事项有哪些?

5-2 装配式混凝土结构的常见质量问题有哪些?

5-3 装配式混凝土结构工程施工中,常见的劳务队伍的组合形式有哪些?

5-4 装配式混凝土结构工程施工现场安全监督的主要内容是什么?

第6章

装配式建筑项目案例

6.1 沈阳惠生新城项目——装配式剪力墙结构实例

6.1.1 工程概况

本工程为沈阳市产业化公共租赁住房工程,项目的名称是惠生新城公租房项目(1#~30#楼);该项目具体建设地点为沈阳市沈北新区,道义大街西侧,莆田路北侧,总建筑面积为 225 141.86m²(不包括地下室面积),设计使用年限为 50 年。工程采用装配式剪力墙结构,楼层总共 18 层,包含外墙板 10 种型号、内墙板 10 种型号、叠合板 6 种型号、楼梯板 2 种型号、空调板 1 种型号、PCF 板 2 种型号、女儿墙 7 种型号。地下室、底部加强区、楼梯间内楼梯梁和休息平台板、电梯间以及局部出屋面电梯及装饰架,以上各部分为全部现浇结构。

惠生新城公共租赁住房工程标准层为一梯八户(四个 A 户型、两个 B 户型、一个 C 户型、一个 D 户型),拆分成 20 块外墙板、18 块内墙板、22 块叠合板、6 块 PCF 板、2 块楼梯、10 块空调板。

模具数量依据惠生项目的施工建设工期进行排班,模具采购按照每天生产三层楼的产量进行,模具总数量为 246 套,其中包含外墙板 62 套、内墙板 54 套、叠合板 66 套、楼梯板 6 套、PCF 板 18 套、空调板 30 套以及女儿墙 10 套。最大日产能达 360m³。

该工程项目由沈阳市地铁房地产开发有限公司承建,设计单位为沈阳市建筑设计院,深化设计由北京预制建筑工程研究院完成,中国中铁二局、中铁八局负责施工,预制构件由亚泰集团沈阳现代建筑工业有限公司生产。

6.1.2 结构设计及分析

1. 外墙板、内墙板、女儿墙的拆分

外墙板、内墙板、女儿墙按照户型模数、开间位置和楼层标高尺寸进行外形拆分。外墙板和内墙板拆分设计及节点构造如图 6-1、图 6-2 所示,采用厚度为 50mm+70mm+200mm的三明治夹心保温构件,在主要边缘构件上,竖向钢筋设置在现浇拼缝内,并配置有竖向钢筋和封闭箍筋;相邻预制剪力墙的上下层,竖向钢筋采用灌浆套筒连接,通过灌浆料形成竖向连接；门、窗洞的连梁设计为叠合梁，其箍筋为开口式。

图 6-1　惠生项目的拆分设计：外墙板与内墙板

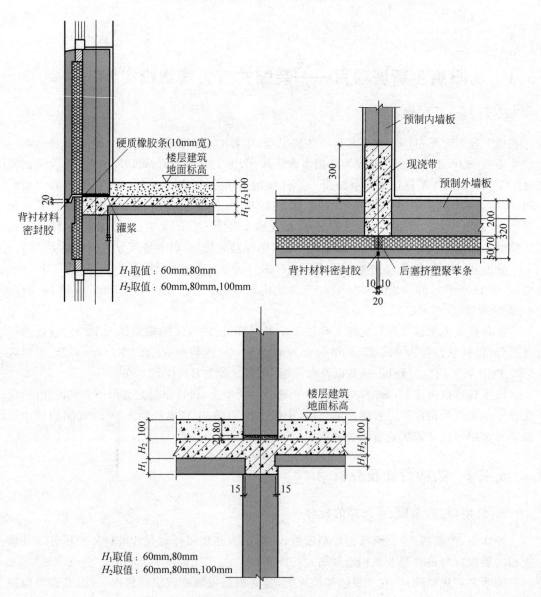

图 6-2　外墙板、内墙板节点构造图

2. 叠合楼板、空调板的拆分

叠合楼板按照户型模数、开间位置、板标高尺寸进行外形拆分,分为两种:整体厚度为 140mm 的楼板,预制板厚度为 60mm;整体厚度为 180mm 的楼板,预制板厚度为 80mm。本工程楼板结构受力形式呈双向板受力,预制楼板采用整体式拼缝,采用格构式钢筋叠合板来达到增强楼板的整体刚度的目的,隔墙下加筋采用双面搭接焊,表面进行拉毛处理,外露钢筋面的部分制成粗糙面。叠合板详细构造图如图 6-3～图 6-5 所示。

图 6-3　叠合板

空调板根据设计图纸的要求进行拆分,拆分成悬挑构件、相对应的负弯矩筋和分布钢筋。外露筋部分制成粗糙面,以满足设计要求。

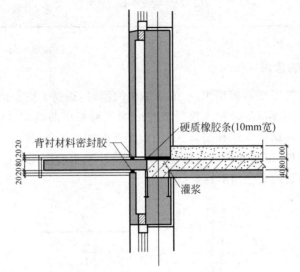

图 6-4　叠合板、空调板连接构造图

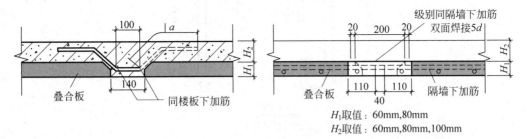

H_1 取值:60mm,80mm
H_2 取值:60mm,80mm,100mm

图 6-5　叠合板拼缝做法

6.1.3　构配件的选用

1. 连接件的选用

目前市场上主要生产连接件的厂家包括德国哈芬、美国特摩迈斯和南京斯贝尔。经过对各个厂家产品在工程中表现出的优势和劣势的总结,惠生项目最终选用了德国哈芬的连接件。几个厂家的连接件使用效果对比如表 6-1 所示。

表 6-1　几个厂家的连接件使用效果对比

名称	材质	每平方米用量	安装	安全性	优点	缺点
哈芬(德国)	不锈钢	少	方便,板型较复杂	很安全	(1) 用量少、安装方便; (2) 安全性较高; (3) 不容易破损	板类连接件安装复杂,正打时锚固深度控制较难
斯贝尔(国产)	玻璃纤维	多	截面大,安装相对困难,容易与钢筋冲突,或碰到石子不易安装	安全	(1) 价格稍低; (2) 不容易破损	安装相对复杂
特摩迈斯(美国)	玻璃纤维	多	方便	安全	安全、方便、快捷	外露部分容易损坏

2. 内埋式吊环的选用

内埋式吊环与传统吊环形式相比,在节省钢材的同时,提供了更便捷的施工方式。施工现场工作人员可以利用螺母的丝扣来控制 20mm 灌浆料垫层的高度,以方便控制上层墙板落下时的高度。在实际构件生产和安装过程中,对于内埋式吊环(图 6-6),必须对其钢筋和螺母位置进行电焊定位,以防止在现场吊装时出现螺母脱扣的情况。这种方法有助于确保施工的顺利进行和吊装的安全可靠性。

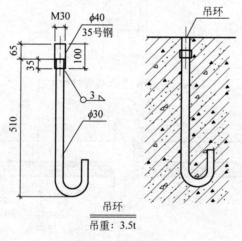

图 6-6　内埋式吊环

3. 脱模、支撑、模板预埋件的选用

根据使用需求,脱模、支撑以及模板的预埋件选择都遵循通用且适量的原则,脱模埋件(图 6-7)同时也充当支撑埋件,每块墙根据尺寸和重量大小一般设置 4～6 个预埋件。而模板埋件(图 6-8)仅在墙面的转角位置设置,通常为 6 个。

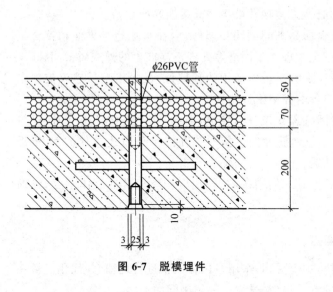

图 6-7 脱模埋件

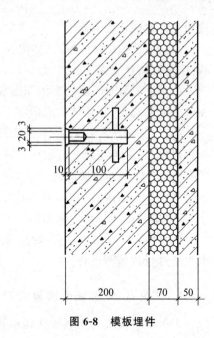

图 6-8 模板埋件

4. 填充物的选用

用空心纸管替代聚苯板作为填充物,如图 6-9 所示,有利于充分利用纸管圆形截面的特点,这种做法有效避免了填充物上浮及漏振现象。选择吸水率低的纸管很重要,并且管径要符合钢筋保护层的要求,以防止混凝土表面产生裂缝。

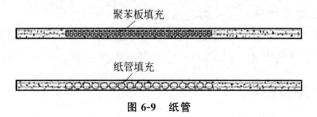

图 6-9 纸管

5. 磁盒、磁性底座的选用

通常模具和预埋件的固定采用磁盒或者磁性底座,这些磁性设备具有可重复利用、周转次数多,且能够提供良好固定效果的特点。它们作为固定资产可以反复使用。

6.1.4 质量控制要点

1. 预制构件的质量控制要点

惠生项目的设计、施工、生产等相关单位在对图纸进行会审过程中,对图纸不明确的地方进行了沟通明确,避免了一些潜在的质量问题,在设计阶段重点注意如下几个问题:

(1)拆分设计阶段要对建筑、结构、给排水、暖通、电气等各专业全方位考虑,充分考虑生产阶段可能遇到的墙体、楼板钢筋与墙体、楼板预留孔洞、电气盒、电气箱的位置冲突,以避免生产阶段出现问题。

（2）对于核心筒区域内（如电梯井、楼梯间）不利于支撑的构件着重考虑施工操作的便利性，并对墙体支撑方式进行选择，同时考虑楼梯转换层楼梯梁钢筋的预留。

（3）对于两侧板顶标高相同而板底标高不同的同一墙体，应在考虑施工方便和符合相关规范的前提下，将墙体做成阶型。避免现场施工因缝隙处理不当产生的外观质量问题。

（4）对于起吊、斜支撑、模板支撑和临时反转所使用的预埋件，其规格型号建议控制在两种以内，以避免在生产过程中可能出现的规格安放错误。

（5）考虑到连接件的设计选型在拆分深化设计后完成，因此，在对连接件选型时，应与连接件生产厂家及时沟通，避免连接件与钢筋冲突。特别是在涉及外露连接件的 PCF 板上，要考虑连接件与现场钢筋的冲突问题。

（6）在构件深化设计后，着重考虑模具的周转次数，并相应调整模具的整体刚度，以确保生产过程的顺利进行。

2. 构件存放、运输的质量控制要点

为保证外墙板和内墙板在运输过程中不受损，采用专用存放架进行运输，并优化了吊装架，从过去运输 4 块改为运输 6 块，以减少在运输过程中的磕碰问题。

叠合板在存放和发货时必须按照同一型号堆放，叠合板采用柔性材料堆放，并确保柔性材料间距为距离叠合板边线 $500\sim800$mm，具体根据叠合板跨度进行调整。由于叠合板按照楼层号发货和运输，难以保证所运输的叠合板都为同一型号，因此在存放时需要特别留意。

为了有效进行构件的运输和存放，将厂区内成品存放场划分为若干个区域，并根据构件编号分区存放，以防止发货挑拣板而影响吊装速度。

为应对现场需求，需要设立临时堆放场地，确保预制构件 $1\sim2$ 层的存储量，以防止供应不及时对施工进度造成的影响。这样的安排有助于确保现场施工的顺利进行。

3. 构件安装的质量控制要点

1）构件吊装时专用吊架的使用

构件起吊时应使用专用钢梁吊架，该钢梁吊架可以根据构件吊点位置进行调节，确保每个吊点均为垂直起吊，避免在起吊过程中吊钉或预埋吊件受到剪切破坏的情况发生。墙板吊装用吊梁如图 6-10 所示。

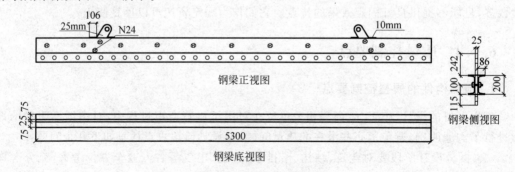

图 6-10　墙板吊装用吊梁

2）墙板支撑系统的使用

斜支撑能够提高墙板在小震下的抗侧刚度，且安装时还可进行微调操作。斜支撑安装需采用可调节长度的螺杆，确保调节长度不小于300mm。

对于垂直墙板方向（Y向）校正，可利用短钢管斜撑调节杆，对墙板根部进行微调来控制Y向的位置。

对于平行墙板方向（X向）校正，可通过在楼板面上弹出墙板位置线及控制轴线来进行墙板位置校正。墙板按照位置线就位后，若有偏差需进行调节。可以利用小型千斤顶在墙板侧面进行微调。

对于墙板水平标高（Z向）校正，可在下层预先使用水平仪进行调节至预定的标高位置，同时，在吊装时可以通过墙板上弹出的水平控制标高线来调节，墙板直接吊装至钢板上，以此来确保墙板的水平标高。

墙板支撑系统如图6-11所示。

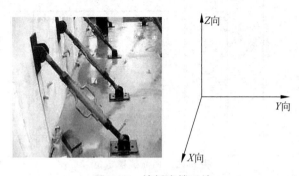

图6-11 墙板支撑系统

3）套筒插筋定位调整时工装的使用

在进行楼板叠合层和叠合梁的浇筑前，应使用插筋定位工装对套筒插筋位置进行定位，确保插筋位置的准确性，然后再进行浇筑工作。同样，在拼装墙板前，可以通过插筋定位工装对插筋位置进行复核，复核无误后方可进行吊装作业，以避免在安装墙板过程中因插筋位置调整而影响安装进度和精度。插筋位置定位如图6-12所示。

特别是在现浇层与预制构件转换层之间的预留插筋定位，建议采用插筋定位工装进行定位，以确保位置的精准性。如果不进行精确的定位，在安装预制构件时可能会出现转换层预留插筋与套筒不匹配的情况，导致安装困难。

4）钢筋套筒灌浆的注意事项

楼板表面必须清扫干净，不得有碎石、浮浆、灰尘、油污和脱模剂等杂物；在灌浆前24h，楼板表面应充分湿润；在灌浆前1h，应将积水吸干。

推荐采用机械搅拌方式，搅拌时间一般为1～2min，采用人工搅拌时，应先加入2/3的用水量拌和2min，其后加入剩余水量搅拌至均匀（标准稠度加水量为12%～14%）。

灌浆方法可采用自重法、高位漏斗法或压力灌浆法。本项目采用的是分段灌浆法，由于浆料流动距离长，采用压力灌浆以确保施工质量。

在坐浆层灌浆中，应采用高强度砂浆作为材料，其强度不低于剪力墙混凝土的强度标准。

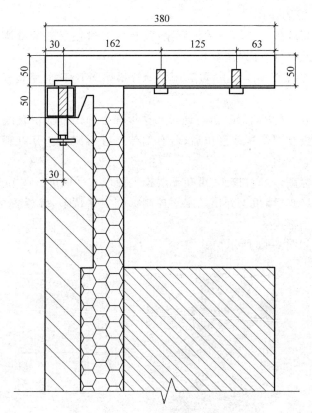

图 6-12　插筋位置定位

　　灌浆过程中,由下部灌浆孔进行灌浆,当上部出浆孔有浆料溢出时,视为该灌浆孔完成灌浆。灌浆必须连续进行,不能间断,并且应尽可能缩短灌浆时间。

　　在灌浆过程中及灌浆完成后,需要观察内外墙面是否有灌浆料渗漏的情况,如果出现渗漏,应立即进行封堵处理,以确保灌浆效果和墙体的完整性。

　　完成充填后的 4h 内不得移动套筒。在灌浆材料充填操作结束后的第一天内不得施加振动、冲击等可能对其产生影响的操作。

　　5)PCF 板浇筑时防涨模处理方法

　　PCF 板的厚度较小,为避免 PCF 板在浇筑混凝土过程中出现涨模现象,施工过程中应在 PCF 板的穿孔位置采用对拉螺栓进行模板支撑,同时在内螺纹预埋件位置通过长螺栓加强模板刚度。这些举措能够有效地防止 PCF 板在浇筑混凝土时发生涨模现象。

　　6)叠合板安放注意事项

　　在叠合板的安装过程中,底部必须设立临时支架,支撑采用可调节钢制 PC 工具式支撑,间距为 900mm。在安装楼板之前须调整支撑标高,使其与两侧墙的预留标高一致。

　　在楼板结构层施工过程中,要双层设置叠合板支撑,只有在上层叠合楼板结构施工完成后,并且下层叠合楼板现浇混凝土的强度达到或超过设计强度的 75% 时才可以拆除下一层支撑,这样的操作措施有助于确保施工过程的安全和楼板的稳固性。

　　7)施工缝的处理

　　施工缝不容易引起施工单位的重视,但对其进行处理是非常重要的,尤其是节点位置的施工处理。

纵向施工缝要根据外墙板的构造形式采用保温板填充,如图 6-13 所示,以保证保温连续性,同时,在外部使用背衬材料以及耐候密封胶进行填充处理,以保证施工缝的密封性和耐久性。这些措施有助于防止水汽渗透和保证建筑物的保温效果。

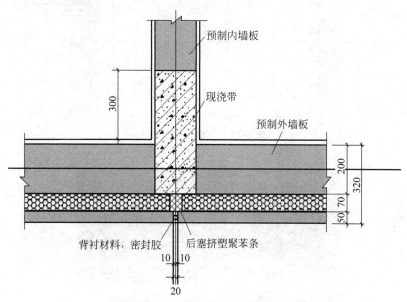

图 6-13　墙板纵向拼缝处理

根据外墙板防水构造的外形对横向施工缝进行处理时,采用背衬材料、耐候密封胶填充,如图 6-14 所示。

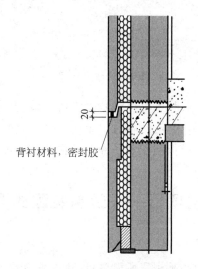

图 6-14　墙板横向拼缝处理

楼梯拼装后与外墙之间存在着 20mm 的施工缝,如图 6-15 所示,在进行内墙装修即刮泥子之前,可以选择用聚合物砂浆进行填充或者采用密封胶进行缝隙处理。需要注意的是,聚合物砂浆填充后容易出现开裂情况,因此建议优先考虑使用密封胶进行处理,其中预制楼梯如图 6-16 所示。

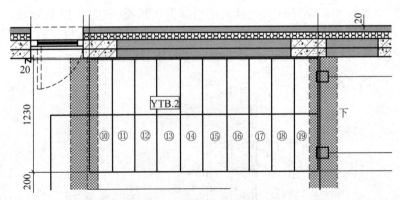

图 6-15 楼梯拼缝处理

图 6-16 预制楼梯

总结:惠生新城项目是沈阳市政府推出的保障房项目,是目前国内采用装配整体式剪力墙体系工程量较大的典型项目之一,在设计、生产、运输、安装、验收等各个环节都有较大的难度。这一项目的全过程质量控制积累了许多成功的经验和宝贵教训。

6.2 长春一汽停车楼项目——预制装配式混凝土结构实例

6.2.1 工程概况

本项目名称为一汽技术中心乘用车所建项目,建设地点位于吉林省长春市汽车产业开发区,东风大街北侧、凯达北街西侧、丙九街南侧、大众街以东所围成的区域。本项目包括前期策划办公楼、项目团队大楼、R&D 设计大楼、停车楼、动能物流中心、造型中心以及会议中心等单体建筑,其中停车楼地上结构采用预制装配式混凝土结构体系。总建筑面积为 78 834.6m²,东西宽 103.975m,南北长 132.40m,建筑分为地上 7 层和局部地下 1 层,首层层高 4.5m,二至七层层高为 3.2m,总建筑高度为 23.70m。

本项目建筑平面布局采用两栋矩形平面布置,分南北两栋,楼间距 26m,平面基本对称,两栋楼在五至七层由端部过街楼连为一体,过街楼下方为两条汽车通道。

建筑外墙面以采用清水混凝土饰面为主,其中南北西侧外墙面首层采用砖红色陶棍后挂装饰,二至七层窗下为横向刷砖红色仿陶板外墙漆,西侧山墙楼梯间外墙立面采用装饰凹线条清水装饰混凝土饰面。

两栋楼首层西侧和过街楼下方各设置三个汽车出入口,平面东侧靠山墙位置为主要人员疏散通道,电梯间楼梯间均布置在此处,此外,西侧山墙拐角处有两个楼梯间疏散通道。两栋楼地上每层均设有停车位,停车位靠近垂直墙体两侧,中间预留不少于 6m 的行车道。首层主要布置大巴车、无障碍、自行车停车位,其他楼层布置标准车位。停车楼布置图如图 6-17 所示。

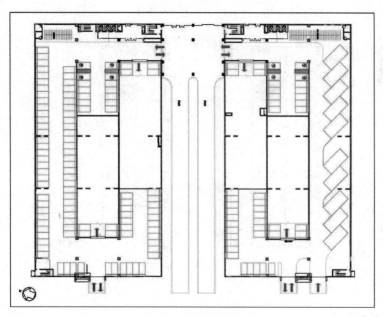

图 6-17　停车楼布置图

6.2.2　结构设计及分析

停车楼平面呈矩形,东西宽约 104m,南北长约 132m(南楼和北楼单楼宽度各为 53m),建筑物地上为 7 层,1 层地下室,地下室结构板顶标高−0.050m。停车楼的主要承载荷载为小型客车停放荷载,屋顶是不适于人员活动的屋面,抗震设防类别为丙级。

本结构体系竖向构件主要为预制混凝土剪力墙及柱,平面 X 向布置三道,Y 向布置四道预制剪力墙或预制柱,X 向预制剪力墙为双肢墙并列排布,各墙肢之间不连接,独立承担水平力,各墙肢之间变形的协调依靠楼面。柱截面为 1m×1m,墙片厚度主要有 0.3m、0.4mm 两种。水平构件主要为 2.38m 宽预制预应力混凝土双 T 板、预制混凝土倒 T 梁及 0.2m 厚预制混凝土连梁。预制双 T 板跨度最大为 17.25m,肋间距为 1.2m,双 T 板上设置 80mm 厚现浇混凝土叠合层,以加强楼屋盖的自身刚度和整体性,避免结构楼屋盖局部振动,增强各预制柱及预制剪力墙在平面内的联系。水平构件通过竖向构件上预留的预制混凝土牛腿实现竖向传力,如图 6-18、图 6-19 所示。

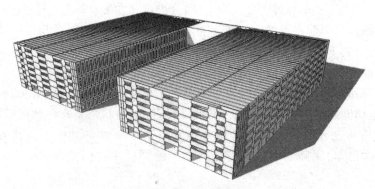

图 6-18　停车楼整体图

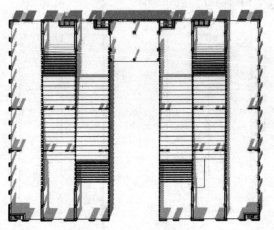

图 6-19　停车楼平面图

1. 水平传力途径

结构水平传力体系由预制混凝土剪力墙和预制柱构成。水平力由预制双 T 板及上部现浇叠合层共同承担并传递竖向力给竖向构件。在 X 方向,水平力主要通过楼板叠合层直接传递到相邻的 X 向墙片上,X 向剪力墙依靠平面内的抗剪及抗弯能力抵抗水平作用。在 Y 方向,水平力通过预制双 T 板及叠合层传递给与其相连的 Y 向剪力墙,Y 向剪力墙依靠面内的抗剪及抗弯能力抵抗 Y 向水平作用。

当水平力通过楼板传递至竖向构件时,叠合楼板与预制剪力墙之间存在面内的剪力及拉力,主要通过叠合层与预制剪力墙之间的混凝土粗糙面及连接钢筋,以及预制双 T 板顶的预埋件与预制剪力墙埋件的钢板焊接件传递应力。预制双 T 板的板顶采用粗糙面设计,混凝土内布置抗剪钢筋,以加强叠合楼板的整体性,并确保水平力能有效传递。

2. 竖向传力途径

竖向荷载作用在楼、屋盖上,主要通过预制预应力混凝土双 T 板传递,再通过竖向构件

上预留的预制混凝土牛腿或预制倒 T 梁将预制双 T 板的竖向力传递给预制混凝土剪力墙
和预制柱上。

总体而言,结构传力主要涉及以下两个重要方面:

(1)在水平传力过程中,预制双 T 板和屋盖需要可靠地连接到预制剪力墙或预制梁上,
竖向受力构件上下连接的水平接缝应具有足够的刚度以传递上层的水平力,水平连接接缝
必须具备抗剪、抗弯的承载能力。

(2)在竖向传力过程中,预制剪力墙、预制柱、预制梁、预留牛腿能够承担预制双 T 板传
来的竖向力,预制牛腿需要满足抗压、抗剪和抗弯的承载能力要求。

6.2.3　深化设计

项目深化设计主要包括连接节点设计(图 6-20)和预制构件设计。连接节点设计要考
虑现场装配图的需求,满足建筑和结构设计要求,同时考虑施工过程中的预留预埋、装配顺

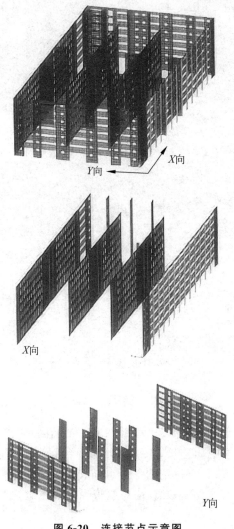

图 6-20　连接节点示意图

序搭接关系和现场可实施条件。而预制构件设计针对预制工厂层面,并对脱模起吊中的预留预埋和施工过程进行验算。其中,预制双 T 板的连接节点设计和构件设计是整个项目深化设计的重点和难点。

1. 连接节点设计

1)竖向构件连接

在本项目中,竖向构件的连接主要依靠预制混凝土剪力墙和柱的上下层构件连接。预制墙如图 6-21 所示。

图 6-21　预制混凝土剪力墙

针对预制混凝土剪力墙,在二层以上按照两层一个墙高进行分段,上下墙之间的水平接缝处纵筋主要采用钢筋灌浆套筒连接,水平缝上下结合面为粗糙面,并用灌浆料填实缝隙。竖向缝大部分设计为开放式,只有在结构平面纵横交接处和要求增强结构的整体性部位才采用预埋件螺栓连接或焊接连接。双 T 板与墙板纵剖装配详图以及墙板平剖装配详图如图 6-22 所示。

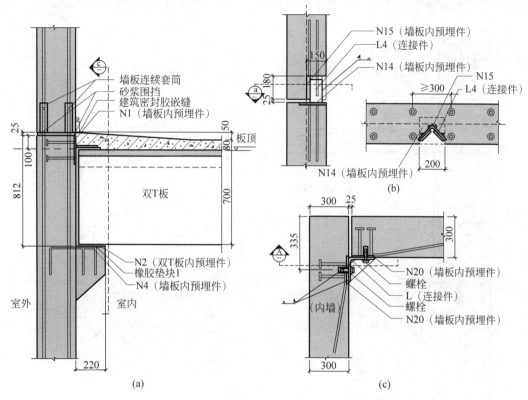

图 6-22 双 T 板与墙板纵剖装配详图及墙板平剖装配详图

(a) 双 T 板与墙板纵剖装配详图(1∶10);(b) 墙板纵剖装配详图(1∶10);(c) 墙板平剖装配详图(1∶10)

预制混凝土柱是单层柱,根据设计进行分块,上下墙体之间的水平接缝处纵筋主要采用钢筋灌浆套筒连接,水平缝上下结合面为粗糙面,并在预制柱底部结合面设置抗剪槽。预制柱底四个侧面预留埋件与下柱柱顶预埋件现场焊接连接,并将缝隙用灌浆料填实,确保连接牢固。

2)水平构件连接

本项目水平构件连接主要涉及预制混凝土双 T 板与预制剪力墙、预制倒 T 梁、预制连梁、预制双 T 板以及其他构件之间的连接,另外还包括预制倒 T 梁和预制柱之间的连接及预制连梁与预制剪力墙之间的连接。

对于预制混凝土双 T 板和预制剪力墙,按照 2.4m 的模数在平面内 Y 方向进行分块,双 T 板肋梁底部设置橡胶垫块,简支搁置在预制剪力墙的预留混凝土牛腿上,连接则采用预留预埋件与剪力墙上预留埋件采用钢板连接件进行现场焊接,预制双 T 板顶部现场浇筑80mm 厚混凝土叠合层,在剪力墙连接的根部混凝土加厚 50mm 以加强连接刚度,也有利于此处面层受力钢筋的锚固。结构平面东西两侧各有两跨框架梁柱,采用倒 T 梁作为预制梁,预制双 T 板的肋梁底部通过设置橡胶垫块简支放置在预制倒 T 梁牛腿上,预制双 T 板肋梁上口预留预埋件与预制倒 T 梁上预留埋件用钢板连接件现场焊接连接,钢板连接件为弓形,有助于节点的塑性变形。安装完构件后,在顶部进行了 80mm 厚混凝土叠合层的现场浇筑,以增强整体结构性能。预制倒 T 梁两端设置橡胶垫块,并简支搁置在预制柱的预留混凝土牛腿上,同时,在预制倒 T 梁两端侧面预留预埋件与预制柱上预留预埋件,通过角钢连接件进行现场螺栓连接。双 T 板与墙板纵剖装配详图如图 6-23 所示。

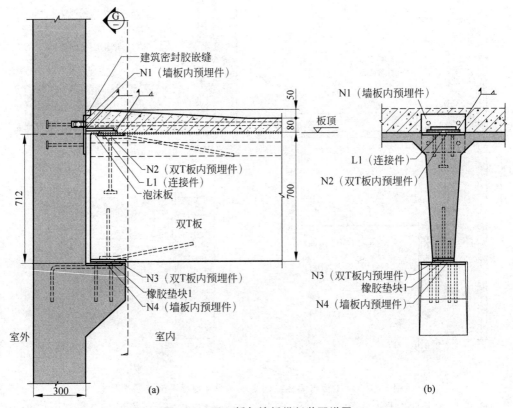

图 6-23　双 T 板与墙板纵剖装配详图
(a) 双 T 板与墙板纵剖装配详图(1∶10)；(b) 细部详图(1∶10)

　　南北两栋楼外侧立面的预制剪力墙横向连接采用预制连梁设计。预制双 T 板的肋梁底部设置了橡胶垫块，简支搁置在预制连梁的牛腿上。预制双 T 板肋梁上口预留预埋件与预制连梁上预留埋件用钢板连接件现场焊接连接。预制连梁两端设置橡胶垫块简支搁置在预制剪力墙的预留混凝土牛腿上，预制连梁两端侧面预留预埋件与预制剪力墙上预留埋件用钢板连接件现场焊接连接。

　　此外，预制双 T 板在两侧悬挑翼缘方向留有 20mm 的安装缝隙，并且在 50mm 厚的翼缘边缘均匀设置了预埋件，现场使用钢板连接件进行焊接连接。在所有双 T 板安装完成后，进行 80mm 厚的顶层混凝土叠合面层处理。双 T 板拼缝装配详图如图 6-24 所示。

2. 预制构件设计

　　本项目涉及的预制构件种类包括预制双 T 板、剪力墙板、柱、倒 T 梁、连梁和楼梯等，在这些构件中，预制双 T 板最长尺寸为 17.25m，最重的预制构件重 20.27t，预制构件混凝土体积总量为 14 856m³。预制构件的设计包括模板图设计、配筋图设计、预埋件设计及连接构造设计，在这些设计工作中，预制双 T 板的设计是整个项目中的重中之重，也是难点所在。

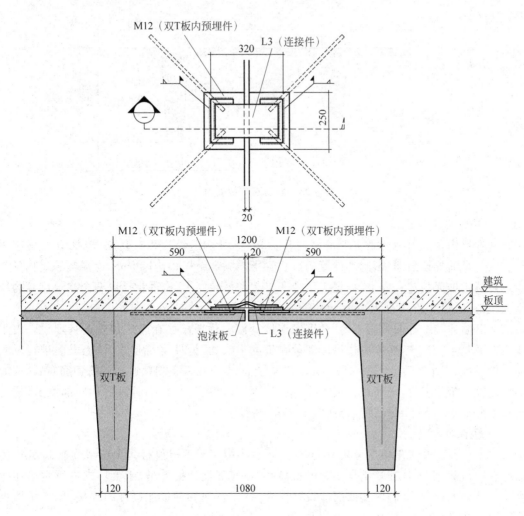

图 6-24　双 T 板拼缝装配详图

1）预制双 T 板设计

这个项目中,预制双 T 板作为停车楼楼盖、屋面以及行车道的水平承载构件,主要承受荷载种类为当地屋面雪荷载和楼面轿车活荷载,受力模型被设计成简支梁板结构,在国内预制双 T 板图集中被选作屋面板设计,长度被定为模数化参数。然而,薄面板且带横向肋的轻型承载构件无法满足项目的工程需要。

鉴于项目的特点,需要开发一种重型双 T 板系统,为此,需要参考国外双 T 板样式,并结合项目需求进行设计研究。主要内容包括:预制双 T 板截面定型,预制双 T 板承载能力极限状态计算和正常使用极限状态的验算,施工阶段的验算。

该设计的预制双 T 板截面形状被确定为:肋梁截面高度 0.7m,肋底宽 0.12m,两肋间距 1.2m,肋梁两侧放斜口渐变,面板厚度 0.05m,与肋梁相交处作倒角设计。预制双 T 板按长线生产工艺设计,在长度方向上截面保持不变,根据工程需要可以任意截取所需长度。此外,预制双 T 板的宽度可以根据需求制作成单独的 T 板构件使用。预制双 T 板截面图如图 6-25 所示。

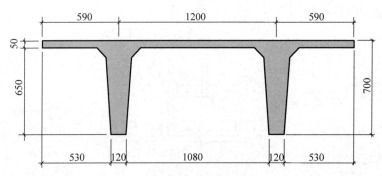

图 6-25　预制双 T 板截面图

2）预制剪力墙设计

本项目中预制剪力墙是主要的竖向传力构件,其构造设计相对复杂,包括双面预制牛腿、开洞、套筒连接出筋、预留埋件等构造。除了需满足结构构造标准外,尚需要满足构件为清水混凝土饰面的建筑要求,根据工厂生产工艺和吊装要求,构件设计以两个建筑层高为墙高,由于首层层高较高,所以采用单层分块的方式进行设计制造。

上下墙连接结合面采用粗糙面,钢筋连接套筒和预埋出筋在工厂预先进行埋设。由于墙板按平躺工艺生产,所以脱模吊母埋设在板的上表面,构件浇筑完成后,上表面进行压光面处理,以确保平整。另外,出于吊装要求,起吊点设在板顶端以避开套筒钢筋布置,板的两端埋设角钢预埋件,现场进行钢板连接件的焊接,以满足墙板临时固定和底部抗剪、抗弯承载力的要求。上下墙连接结合面图如图 6-26 所示。

3）预制柱设计

本项目预制柱采用单层分块方案,柱顶预留牛腿用于承担预制倒 T 梁或预制双 T 板传递的竖向荷载,上下柱连接结合面做成粗糙面,柱底部设计抗剪槽,于工厂内进行钢筋连接套筒和钢筋的预埋,柱的两端四面埋设预埋件,并进行现场钢板连接件的焊接,以满足墙板临时固定和底部抗剪、抗弯承载力的要求。

由于预制柱按平躺工艺生产,脱模吊母埋设在柱的侧表面,构件浇筑完成后,侧表面进行了较好的压光面处理以确保平整度。此外,为满足吊装要求,吊点设在柱顶端,避开套筒钢筋布置。预制柱图详见图 6-27。

4）预制梁设计

本项目预制梁有两种形式,分别是预制倒 T 梁和预制连梁,这两种梁均为水平传力构件,主要用于将预制双 T 板的竖向荷载传递给竖向构件。如图 6-28 所示的预制倒 T 梁两端侧面预留了预埋件,以便与预制柱上的预埋件使用角钢连接件连接。为解决角钢连接件突起导致的碰撞问题,埋件处做了凹陷处理。

总结:一汽停车楼是我国首个采用装配式混凝土结构的停车楼,具有典型的装配式结构体系特征。通过工程实践,充分验证了这种结构具有多项优势,包括高预制率、快速施工、高精度安装、现场环境污染少、资源利用效率高等。在国外,预制停车楼已经得到广泛应用,未来在我国停车设施建设中应该积极推广这种先进技术。

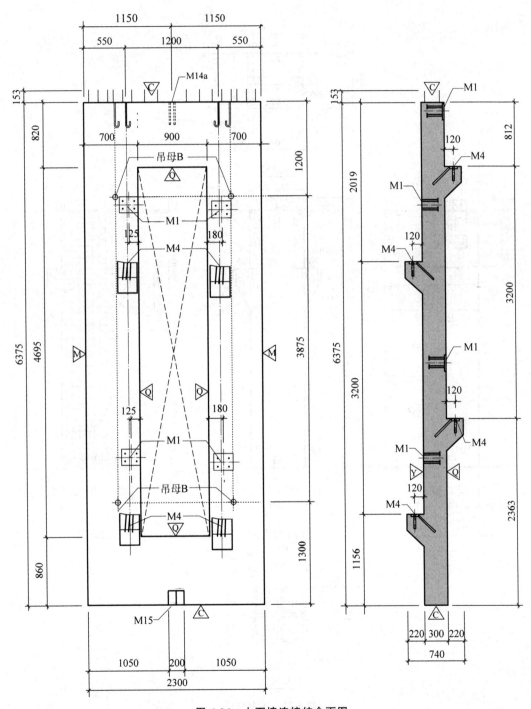

图 6-26 上下墙连接结合面图

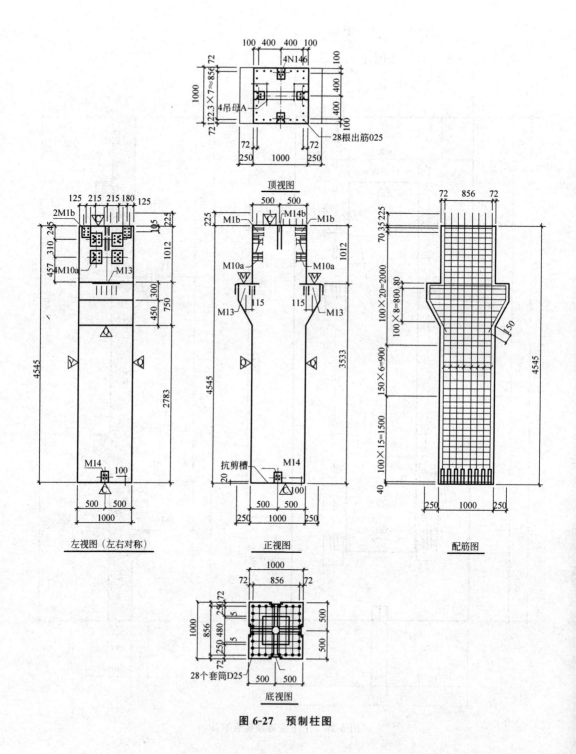

图 6-27 预制柱图

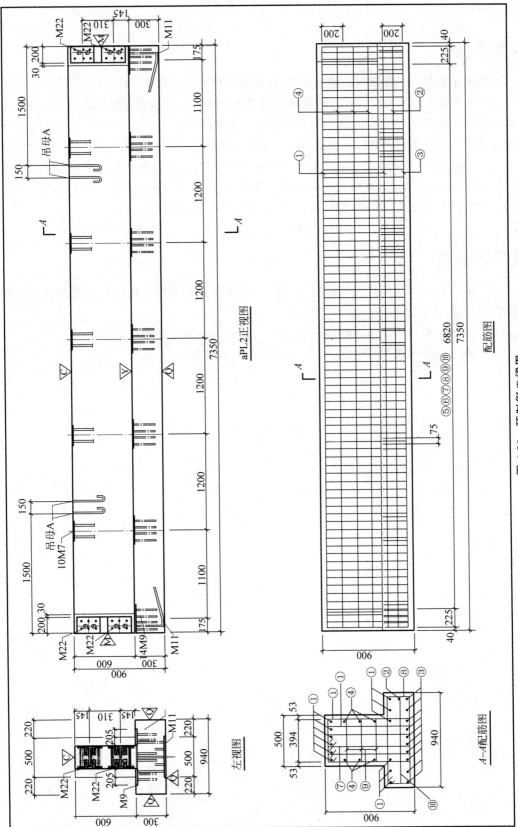

图 6-28 预制倒 T 梁图

本章小结

　　装配式建筑作为一种新兴的建筑模式,在我国工程建设中得到了广泛应用,对于提高建筑行业整体质量有重要意义。本章对采用装配式剪力墙结构和预制装配式混凝土结构两种结构体系的工程案例进行了简要介绍,并具体对工程概况、结构设计、构件构造设计等进行了重点阐述。其中惠生新城项目是目前国内采用装配整体式剪力墙体系工程量较大的项目之一,而一汽停车楼是我国首座采用装配式混凝土结构的停车楼,具有典型的装配式结构体系特征,两个工程案例均具有较大参考价值。然而,鉴于所述案例的局限性,我们仍需要就不同工程案例中装配式技术存在的问题展开讨论并进行改良。

复习思考题

　　6-1　请收集关于装配式建筑的相关资料,总结装配式剪力墙结构和装配式混凝土结构的特点,并进行比较分析。

　　6-2　在惠生新城项目中,构件质量控制在设计阶段应重点把握哪些问题?

　　6-3　在一汽停车楼项目中,结构传力过程主要经过哪两个环节?

参 考 文 献

[1] 中华人民共和国住房和城乡建设部.装配式混凝土结构技术规程：JGJ 1—2014.[S].北京：中国建筑工业出版社,2014.

[2] 中华人民共和国住房和城乡建设部.装配式混凝土建筑技术标准：GB/T 51231—2016.[S].北京：中国建筑工业出版社,2017.

[3] 中华人民共和国住房和城乡建设部.装配式建筑评价标准：GB/T 51129—2017.[S].北京：中国建筑工业出版社,2018.

[4] 周旺华.现代混凝土叠合结构[M].北京：中国建筑工业出版社,1998.

[5] 吴刚,潘金龙.装配式建筑[M].北京：中国建筑工业出版社,2018.

[6] 孙亚康.基于机器学习的物业上市公司市盈率影响因素研究[D].北京：清华大学,2022.

[7] 张建国,张吉坤,杜常岭,等.沈阳惠生新城项目装配式混凝土结构施工质量控制技术[J].混凝土世界,2015(9)：38-44.

[8] 陈骏,彭畅,李超,等.装配式建筑发展概况及评价标准综述[J].建筑结构,2022,52(S2)：1503-1508.

[9] 王颖,司伟,刘敏.装配式建筑项目的建造成本及控制策略研究[J].项目管理技术,2017,15(8)：108-111.

[10] 张伟锋,赖鸿达,宋苗苗,等.装配式建筑发展研究[J].广东土木与建筑,2018,25(12)：9-12.

[11] 杨晴.预制装配式建筑施工技术研究[J].工程技术研究,2021,6(16)：79-80.

[12] 马荣全.装配式建筑的发展现状与未来趋势[J].施工技术(中英文),2021,50(13)：64-68.

[13] 李永杰.BIM 技术在装配式建筑深化设计中的应用研究[J].智能建筑与智慧城市,2021(10)：47-48.

[14] 丁桂丽,徐峰.装配式建筑装配方案评价指标体系[J].土木工程与管理学报,2019,36(5)：137-143.

[15] 王金,曹清,李妍.装配式建筑叠合楼板设计中若干问题讨论[J].建筑结构,2017,47(S1)：890-892.

[16] 赵林,修龙,蒋德英.对装配式建筑发展的认识与思考[J].建筑技艺,2016(8)：92-94.

[17] 陈蓉芳,姜安民,董彦辰,等.装配式建筑施工质量风险评估模型的构建与应用研究[J].铁道科学与工程学报,2021,18(10)：2788-2796.

[18] 郑智元.信息化技术在装配式建筑风险管理中的应用[J].设备管理与维修,2021(20)：13-14.

[19] 胡延红,欧宝平,李强.BIM 协同工作在产业化项目中的研究[J].施工技术,2017,46(4)：42-45.

[20] 李连清.装配式建筑工程造价预算与成本控制策略探析[J].居舍,2023(2)：69-71.

[21] 姜琳,乔如渊,潘辉.装配式建筑全寿命周期 BIM 技术应用问题及应对措施研究[J].建筑结构,2019,49(S2)：558-561.

[22] 李晓娟.装配式建筑施工质量风险评价研究[J].工程管理学报,2020,34(6)：107-112.

[23] 潘敏华,张守峰,王旭松.BIM 技术在装配式建筑设计中的应用[J].建筑结构,2018,48(S1)：658-662.

[24] 陈辉.基于 BIM 技术的装配式建筑项目成本控制关键因素研究[D].天津：天津大学,2021.

[25] 魏玥平.可持续视角下装配式建筑生命周期成本研究[D].西安：长安大学,2023.

[26] 黄维.装配式建筑施工技术与质量控制方法研究[D].镇江：江苏大学,2022.

[27] 左昆.装配式建筑施工现场临时设施布置的多目标优化与决策研究[D].重庆：重庆大学,2022.

[28] 丁高强.BIM 技术在装配式建筑项目应用的成熟度研究[D].南昌：南昌大学,2023.

[29] 孙浩,张涵,郭强,等.绿色材料在装配式建筑中的应用[J].住宅与房地产,2023(35)：61-63.

[30] 祁成财,蒋勤俭,刘鑫,等.一汽停车楼装配式结构深化设计关键技术研究[C]//中国混凝土与水泥

制品协会,2015.

[31]　吴礼强.装配式建筑 PC 构件装配施工安全风险管理研究[D].福州：福建工程学院,2023.

[32]　张馨予.装配式建筑混凝土构件安装质量精益控制研究[D].济南：山东建筑大学,2023.

[33]　冷亚平.绿色建筑角度下装配式建筑的优势与发展探讨[J].住宅与房地产,2023(32)：71-73.

[34]　李源,孙晔.基于 BIM 技术的装配式建筑设计[J].智能建筑与智慧城市,2023(12)：94-96.

[35]　王俊,赵基达,胡宗羽.我国建筑工业化发展现状与思考[J].土木工程学报,2016,49(5)：1-8.

[36]　蒋勤俭.国内外装配式混凝土建筑发展综述[J].建筑技术,2010,41(12)：1074-1077.